高等学校新工科计算机类专业系列教材

数据科学导论

主　编　李旭　　胡尔西代姆·伊米提　赵新元
副主编　库德来提·热西提　刘博涛　　付总礼
　　　　阿布力米提·艾西丁 热沙来提·阿不来提
　　　　王亚娟　　侯学慧　　何贞贞

西安电子科技大学出版社

内 容 简 介

本书阐述了数据科学相关内容,旨在帮助读者了解数据科学知识,培养读者的数据科学意识。全书共 8 章,内容包括数据科学概述、数据科学的数学基础、Python 语言基础、数据处理概述、数据科学的模型、大数据处理技术、数据可视化、数据安全等。

通过学习,读者能够了解数据科学涉及的相关知识,并能运用相关工具来处理数据,从而为后续的学习和研究奠定坚实的基础。

本书可作为高等院校数据科学导论课程的教材或教学参考书,为教师的教学和学生的学习提供有力支持。同时,对于那些在数据分析和软件编程领域已经积累了一定实际经验的人员,本书也具有一定的参考价值。

图书在版编目(CIP)数据

数据科学导论 / 李旭,胡尔西代姆·伊米提,赵新元主编. -- 西安:西安电子科技大学出版社,2025.7. -- ISBN 978-7-5606-7698-2

Ⅰ. TP274

中国国家版本馆 CIP 数据核字第 2025FZ2636 号

策　　划　曹　攀
责任编辑　曹　攀
出版发行　西安电子科技大学出版社(西安市太白南路 2 号)
电　　话　(029) 88202421　88201467　　　邮　　编　710071
网　　址　www.xduph.com　　　　　　　　电子邮箱　xdupfxb001@163.com
经　　销　新华书店
印刷单位　西安创维印务有限公司
版　　次　2025 年 7 月第 1 版　　　　　2025 年 7 月第 1 次印刷
开　　本　787 毫米×1092 毫米　1/16　　　印　　张　13
字　　数　301 千字
定　　价　45.00 元
ISBN 978-7-5606-7698-2

XDUP 7999001-1

＊＊＊如有印装问题可调换＊＊＊

前　言

数据科学是一门综合性较强的前沿学科，融合了数学、统计学、计算机科学等多学科的专业知识。为使读者深入理解数据科学的核心概念与方法，并能够运用数据科学的方法解决实际问题，我们编写了本书。

全书共 8 章，各章内容安排如下：

第 1 章是数据科学概述，主要涉及数据科学的相关概念、研究内容及应用。

第 2 章是数据科学的数学基础，聚焦数学相关基础知识，涵盖线性代数、图论、微积分、概率与数理统计以及集合论等重要内容，为读者后续学习打好基础。

第 3 章是 Python 语言基础，内容包括常量、变量及基本数据类型等基本概念，以及程序控制结构、函数和模块等核心编程要素，助力读者掌握这门强大的编程语言，为后续的数据处理和分析提供有力工具。

第 4 章是数据处理概述，探讨了数据处理的各个环节，包括数据采集、数据预处理、数据清洗、数据集成、数据变换及数据归约等内容。

第 5 章是数据科学的模型，围绕机器学习这一数据科学的核心领域，介绍了机器学习的常用模型和经典算法。

第 6 章是大数据处理技术，主要介绍了云计算的概念、服务类型、部署方式，Hadoop及其生态系统和 Spark 及其生态系统等内容，并通过应用案例进一步强调了大数据处理技术的实践性。

第 7 章是数据可视化，介绍了数据可视化的概念、工具及应用。

第 8 章是数据安全，介绍了数据安全、大数据隐私、数据备份和数据容灾等重要内容。

本书是由多位教师共同编写完成的。在编写过程中，团队成员密切合作，反复讨论和修改，力求使内容准确、实用且易于理解。我们深知，只有通过团队的共同努力，才能打造出一本高质量的作品，为读者提供真正有价值的学习资源。此外，在编写过程中，编者参考了众多教材和网站资料，在此，向这些教材和网站资料的作者表示衷心的感谢。

由于编者的学识和水平有限，书中不足之处在所难免，敬请广大读者和同行批评指正。

编　者

2025 年 1 月

目　录

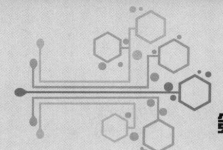

第1章　数据科学概述

知识目标：

1. 了解数据与大数据的概念，掌握数据类型、大数据特征等内容。
2. 掌握数据科学的研究内容、与其他学科的关系，以及在相关领域的应用。
3. 了解数据科学家应具备的能力。

能力目标：

1. 初步建立数据科学和其他学科的关系。
2. 探索数据科学在生活中的应用。

课程思政： 数据科学是国家竞争力的重要体现。掌握核心技术与应用能力，有助于国家在全球数字化竞争中占据优势，维护国家利益与安全。同时，数据科学的发展需要团队协作与跨学科融合，这要求在学习中培养集体主义精神，尊重不同学科背景的伙伴，携手攻克难题，展现新时代青年的责任与担当。

数据时代的发展极大地改变了社会的生产和生活方式，与此同时，客观世界源源不断地产出海量数据。这些数据不仅包括传统的文本、图片、视频，还拓展到了社交媒体动态信息、物联网设备信息等新兴领域。然而，如何高效处理和有效利用这些庞大的数据资源，给我们带来了前所未有的挑战。为应对这些挑战，新兴的交叉学科——数据科学应运而生，成为我们探索和解读数据奥秘的关键工具。

 ## 1.1　数据与大数据

1.1.1　数据

1. 数据的概念

当提到"数据"时，人们首先想到的是"数字"。其实两者并非同一概念，数字是数据的一种形式，数据是信息的原始形式。数据本身没有意义，它需要经过分析、解释和组织才能转化为有用的信息。数据是对现实世界中事物及其关系进行描述的原始记录，是描述事物属性的一系列值，包括数字以及其他类型的信息。

我国数据要素市场潜力较大，预计到 2025 年末，我国数据总量在全球占比约为 30%，数据正逐渐成为继土地、劳动力、资本和技术之后的第五大关键生产要素。

2. 数据的类型

考虑数据的多样性和复杂性，将数据分类能提升数据管理和使用的效率，进而使其在商业决策、社会治理等领域发挥出更大的价值。按照结构、类型、度量方式等特定要求，可对数据进行分类,具体情况如下。

(1)按照结构的不同,数据可分为结构化数据、非结构化数据、半结构化数据。

结构化数据是指以固定格式存储在数据库中的数据,遵循预定义的数据模型,通常以表格形式组织,具有行和列的结构,如客户信息、交易记录等。

非结构化数据无须遵循预定义的数据模型,其特点是高度灵活和多样化,如文本文件、视频等。

半结构化数据是介于结构化数据和非结构化数据之间的一种数据类型,其具有一定的结构特征,但不严格遵循预定义的数据模型,具有较高的灵活性,如 XML 文档、日志文件等。

(2)按照类型的不同,数据可分为文本数据、图像数据、音频数据、视频数据等。

文本数据也称非数值型数据或符号数据,是指以文字、字母、符号等形式表示的数据,不具有数值意义,不能直接进行数学运算,如人名、地名等。文本数据具有高维性、庞大性和语义复杂性等显著特征。

图像数据是通过数码相机、扫描仪、坐标测量机等设备生成的数据,也可由某些应用模型生成,广泛应用于医疗、安防和自动驾驶等领域,如 X 光、MRI 等医学影像。

音频数据是以波形形式记录和存储的声音数据,声音的频率范围为 20~20 000 Hz。音频数据的生成过程包括模拟信号的采样、量化和编码,以便计算机处理和存储。常见的音频数据格式包括 MP3、WAV 等。

视频数据由连续图像帧组成,其广泛应用于医疗实时手术监控、安防视频分析等场景。

(3)按照度量方式的不同,数据可分为定性数据和定量数据。

定性数据是非数值型数据,以非数字的形式存在,通常用来描述和解释现象的属性、特征和意义。定性数据通常来源于访谈、观察、案例研究等。

定量数据是可以被量化的数据,以数值的形式存在,可以通过数学方法进行测量和分析,如血压、体温等生理指标,以及企业收集到的消费者的购买频率、满意度等。

3. 数据、信息和知识

数据科学有关的应用研究内容正在经历从“数据”整合成“信息”,再转化为“知识”的过程,其过程包括数据的采集、处理、分析、整合等。数据、信息和知识三个概念密切相关,但抽象层次不尽相同,如图 1-1 所示。

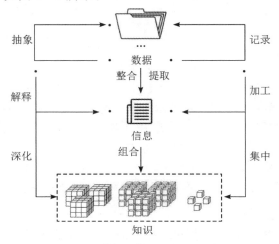

图 1-1　数据、信息和知识的关系

在计算机科学领域，数据可以是数字、字符、图像、音频等多种形式。例如，一个电子表格中的数字，这些数字本身就是数据。又如，图书管理系统中，书籍的 ISBN 号、作者姓名、出版日期等都是数据。由于数据本身缺乏上下文环境和解释，往往是孤立的且难以解读，因而存在一定的局限性。

信息是数据的内涵，即数据所表达的意义。以气象数据为例，气温、湿度、风速等数据记录了天气的各种参数。这些数据本身只是数值，但气象专家根据这些数据预测出"明天会下雨"，这个预测结果就是信息。信息是人们对数据进行加工、分析后得到的有用内容，它反映了数据背后的实质内容，如天气变化情况等。信息赋予了数据更深层次的意义，但其准确性和可靠性很大程度上依赖于数据的质量和处理方式，因此信息可能存在一定程度的偏差。

知识代表着最高层次的抽象，它建立在对信息的深入解释和经验的综合之上，涉及对信息的深刻理解和实际应用。例如，通过长期的观察和经验积累，可总结出规律性的认识，如通常情况下中午的温度比上午高，这可能是由于日照的影响。这种从经验中提炼出来的规律性认识，即知识。

1.1.2　大数据

1. 大数据的概念

目前，业界对大数据还没有形成统一的概念，不同的机构给出了不同的描述。例如：Gartner 研究机构提出，大数据是一系列技术，包括高速、多样、大量和有价值的数据，需要新的处理形式，以便提高决策、洞察力和流程优化的能力；麦肯锡全球研究院认为，大数据是指超出了典型数据库软件工具收集、存储、管理和分析能力的数据集。

2. 大数据的特征

大数据模型演化过程如图 1-2 所示。

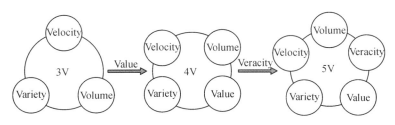

图 1-2　大数据模型演化过程

Meta 集团于 2001 年提出了"3V"模型，将大数据的特征归纳为**规模**(Volume)、**速度**(Velocity)和**多样性**(Variety)。其中，规模是首要特征。通常当数据量达到 10TB 以上时，被认为是体量巨大的数据。随着数据存储容量的不断增加，其单位已从 GB、TB 级扩展到 PB(1 PB＝1024 TB)和 EB(1 EB＝1024 PB)级。速度是大数据的另一显著特征。例如，用户可以在短短几秒钟内获取新闻、个性化推荐等内容，获得即时且精准的服务体验。这种快速的决策过程和高效的信息获取，体现了大数据的强大处理能力。同时，大数据的多样性不仅体现在数据的结构上，还包括其来源和应用领域。

"4V"模型应运在"3V"模型的基础上强调了**价值性**(Value)特征。随着数据量的爆炸式增长，数据中所蕴含的有价值的信息并没有呈现出相应的增长，导致数据的价值密度相对较低，并且数据中的噪声、不一致性以及污染等问题给数据的"提纯"带来了诸多挑战。针对上述问题，只有深入开展分析挖掘工作，才能揭示大数据的潜在规律，并将其转化为实际的洞察力。

IBM 提出了"5V"模型，即在"4V"模型的基础上又加入了**真实性**(Veracity)特征。真实性指大数据中的内容与真实世界中的事件密切相关，反映了大量客观且真实的信息。在大数据采集和清洗过程中，确保数据的准确性和可信度至关重要，只有这样，才能从庞大的网络数据中提取出能解释和预测现实事件的有效信息。

综上，我们通过大数据模型的演化过程可以看到大数据的本质特征，即规模(Volume)、速度(Velocity)、多样性(Variety)、价值性(Value)和真实性(Veracity)。

3. 大数据的核心技术

大数据技术的核心任务就是对数据进行分析和处理。实现该任务目标，涉及多个关键技术，其中包括分布式技术、云计算技术和数据可视化等技术。

1) 分布式技术

随着互联网的发展，单机系统已经无法满足不断增长的用户需求。分布式技术通过多节点的协同工作，解决了单机系统在计算资源（如 CPU、内存）上的瓶颈。分布式系统将计算任务拆分成多个子任务，并通过多个计算节点并行处理，其中节点由网络连接的独立计算机或服务器组成。分布式技术的特点包括分布性、并发性、无序性等。随着计算需求量的不断增加，分布式技术将在多个行业和领域中发挥重要作用。

2) 云计算技术

云计算是一种通过互联网提供计算资源和服务的计算模式，用户可以按需访问计算资源，如服务器、存储、应用程序等，而无需直接管理这些资源。云计算的核心在于虚拟化技术、自动化管理技术、大数据技术及安全技术的综合应用。虚拟化技术将物理资源抽象为虚拟资源，提高了资源利用率和灵活性；自动化管理技术实现了资源的自动部署、监控与故障恢复；大数据技术支持处理海量数据，可进行数据分析和机器学习；安全技术保障了用户数据和隐私的安全。

3) 数据可视化技术

数据可视化技术将抽象的数据转换成易于理解的图形或图像形式，有助于用户直观地理解和分析数据。相较于传统数据呈现方式，数据可视化技术更符合人类的视觉思维，有助于用户发现数据中的内在知识。

上述技术的发展及应用，不仅推动了大数据处理分析的进步，也为各行各业带来了创新和发展的机会。随着技术的不断进步，可以预见，这些技术将在未来的大数据处理中扮演更加关键的角色。

1.2　数据科学

1.2.1　数据科学的概念

数据科学是一门交叉学科，涉及统计学、计算机科学、数学等多学科的专业知识。虽然在学术界和工业界，数据科学的定义有所不同，但核心观点相对一致。例如，有学者认为，数据科学是以数据为中心的科学，旨在将现实世界映射到数据世界，并通过数据分析进行预测、洞见、解释或决策。美国科学家 William S. Cleveland 认为，数据科学是随着计算机科学的发展而从统计学中扩展出来的数据分析技术领域。

1.2.2　数据科学的研究内容

数据科学的研究内容涵盖两个方面：用数据的方法研究科学，用科学的方法研究数据，两者相辅相成。

1. 用数据的方法研究科学

在诸多科学领域，如物理学、生物学、天文学等，数据科学通过分析大量的实验数据或观测数据，帮助研究者发现新的模式、趋势和关系。数据分析方法不依赖于预先假设，且直接从数据中寻找答案。例如，清华大学通过显微成像数据模拟小鼠全脑皮层神经元的分布及其动态功能信号传递过程，助力神经科学领域对大脑奥秘的深入探索。

2. 用科学的方法研究数据

研究依赖于科学的方法来确保数据分析的准确性和可靠性。数据科学使用机器学习算法和数据挖掘技术来分析数据，发现数据模式和结构，从而帮助研究者开展关联规则和异常检测等工作。

1.2.3　数据科学与其他学科的联系

数据科学与计算机科学、统计学、信息科学、数学等多个学科有着紧密的联系。

1. 数据科学与计算机科学的联系

数据科学依赖于计算机科学来处理和分析大规模数据集。计算机科学提供了算法、编程语言、数据库管理和高性能计算等工具和技术，这些都是数据科学实践中不可或缺的部分。

2. 数据科学与统计学的联系

数据科学与统计学的关系紧密。统计学提供了数据科学所需的理论基础，包括假设检验、回归分析等，这为数据分析和解释准备了关键工具。

3. 数据科学与信息科学的联系

信息科学关注信息的存储、检索和传输。数据科学在处理大数据时，需要信息科学中的技术和理论对数据管理和检索进行支撑。

4. 数据科学与数学的联系

数学在数据科学中发挥着核心作用。数学中的多元分析、线性代数和最优化方法可以构建可视化模型，并为相关回归分析、时间序列分析、机器学习和深度学习等方法提供理论支持，为预测趋势及决策提供依据。

此外，数据科学与人工智能、经济学、社会学以及环境科学等领域密切相关，数据科学的实践和理论发展受到这些领域的影响，并且反过来也推动了这些学科的发展。通过跨学科合作，数据科学应用研究能够解决复杂的工程应用，推动相关领域持续发展。

1.2.4　数据科学的应用

数据科学在生产活动中有诸多应用，如在教育、环境保护、城市管理及医疗等领域中的应用，展现了其在推动行业创新和提升决策效率方面的显著作用。

1. 数据科学在教育中的应用

2008 年，IBM 公司在报告《智慧地球：下一代领导议程》中首次提出了"智慧地球"（Smart Planet）的概念，这一概念后来延伸到了教育领域，形成了"智慧教育"。祝智庭指出："智慧教育是通过人机协同作用以创变教学过程与促进学习者美好发展的未来教育范式。"具体而言，智慧教育是以数据科学作为基础，以动态生成、持续更新的学习资源作为储备，以基于大数据的科学评价为导向，以培养创新型人才为目标的新型教育模式。

数据科学在教育领域的应用已经成为推动教育现代化和提高教育质量的重要手段。例如，某研究机构以某市中学生为研究对象，运用调查结果分析总结出影响初中生创造性学习与表达能力的学生层面、教师层面以及学习环境层面因素，并运用数据科学分析创造力倾向、冒险性以及挑战性等 6 个因素，提出了智慧课堂教学策略。

在个性化教学方面，将数据科学应用于智能教育系统中，可为学生提供定制化的教学方法并精准投送资源。例如，智能教育系统通过收集学生的学习行为数据。（如在线学习平台的互动记录、作业提交情况等），为学生推荐个性化的学习路径和学习资源，从而提高学生的学习效率和动机。

2. 数据科学在环境保护中的应用

在环境保护领域，数据科学已经成为解决环境问题和推动可持续发展的重要工具。数据科学的应用研究为环境污染防治提供了全新的思路。通过对大量环境数据的收集、分析和挖掘，数据科学不仅能够全面准确地反映环境状况，还能为防治工作提供科学依据。

数据科学理论在智慧环保系统的应用，为环境污染控制提供了切实可行的解决方案。智慧环保系统通过物联网、大数据等技术手段，对空气质量、水质、噪声等环境数据进行实时监测，并为环保部门提供了科学决策依据。例如，通过建立空气质量监测站，实时发布 $PM_{2.5}$、PM_{10} 等污染物浓度信息，并通过空气质量指数（Air Quality Index，AQI）来指导人们合理安排户外活动（如表 1-1 所示）。此外，智慧环保系统还能预测环境污染趋势，提供预防措施。

表 1 - 1　空气质量指数

AQI 值	AQI 等级	AQI 分类	AQI 颜色	健 康 建 议
0～50	一级	优	绿色	各类人群可正常户外活动
51～100	二级	良	黄色	极少数易感人群应减少户外活动，一般人群可正常户外活动
101～150	三级	经度污染	橙色	健康人群可能出现刺激症状，心脏病和呼吸系统疾病患者应减少户外活动
151～200	四级	中度污染	红色	儿童、老年人及心脏病、呼吸系统疾病患者应避免长时间、高强度的户外活动，一般人群应减少户外活动
201～300	五级	重度污染	紫色	健康人群普遍出现症状，老年人和心脏病、肺病患者应留在室内
301～500	六级	严重污染	褐红色	健康人群也要避免户外活动

数据科学为环境政策的制定提供了科学依据。通过对环境数据的分析，政策制定者可以评估不同政策方案的效果和成本效益。例如，在大气污染防治政策的制定中，数据科学可以帮助人们识别主要的污染源和污染减排措施的有效性。此外，数据驱动的政策评估方法可以用于评估现有政策的实施效果，为政策的调整和完善提供依据。

3. 数据科学在城市管理中的应用

轨迹数据体现个体的活动规律，蕴含个体的行为模式、活动方式、活动范围及社会网络关系等特征。通过轨迹数据发掘人类的移动规律和活动模式，进而探求蕴含的深层次知识，是解决城市问题的重要途径。轨迹数据不仅记录了人在时间序列上的位置，也隐喻了人与社会的交互、人在地域上的活动，乃至人与人之间的关系等社会属性。在交通管理方面，数据科学通过分析交通流量、车辆行驶数据等，能够有效预测交通拥堵和优化交通信号灯的配置，从而缓解交通压力，提高道路使用效率。例如，智能交通系统可以根据实时数据调整交通信号灯的时长，减少车辆等待时间。

轨迹数据特别是出租车轨迹，能直接反映城市的交通状态。交通时间估算、交通异常探测，是轨迹数据在智能交通上最直接的应用。轨迹中蕴含的知识也是目前智慧城市、城市计算、社会遥感等认识城市行为、优化城市决策不可或缺的因素。通过轨迹数据挖掘发现隐含的知识，探求深层次的城市动力学机制，也是解决城市交通、城市环境、突发事件应急等重大社会问题的有效手段。

4. 数据科学在医疗中的应用

在医疗领域，数据科学是推动医疗行业现代化和提升医疗服务效率的重要手段。分析和挖掘医疗数据，能够帮助医疗机构更好地优化治疗方案、提高医疗资源的利用效率，并促进个性化医疗的发展。例如，以某附属儿童医院为例，该医院通过打造全流程"互联网＋智慧医疗"平台，实现了非急诊全预约制度，预约时间精确到 10 分钟的分时段，使得患者的平均候诊时间缩短了 55.3%，自助服务使用率达到了 80% 以上。这不仅显著提升了医疗服务效率，还有效提高了疾病的早期发现率，极大地增强了患者管理的便捷性。

精准医疗是优化治疗方案的核心路径。通过对患者的基因组数据、临床数据和生活习惯等信息的分析，医生可以为患者提供个性化的诊断和治疗方案。例如，在癌症治疗中，通过基因测序分析肿瘤细胞的遗传变异，医生能够选择最合适的靶向药物进行治疗。该方法不仅提高了治疗的有效性，还减少了不必要的药物副作用，显著提升了患者的生存率和生活质量。此外，研究人员利用以数据科学与深度学习为代表的大数据技术，通过分析大量病例，能够快速判断疑难杂症的诊断结果；同时，将图像处理技术和虚拟仿真技术相结合，使得在医学诊疗前能够模拟药物或手术对人体可能产生的影响，为临床决策提供了更多的参考数据。此外，远程医疗、健康监测和智能诊断等新兴技术借助数据科学的力量，使得患者在家中就能享受高质量的医疗服务。

数据科学在优化医疗资源配置方面具有重要作用。通过对医疗数据的分析以及大数据技术的运用，医疗机构能够更好地了解患者的需求和流行病学特征，从而优化医疗资源的分配。例如，利用预测模型和数据挖掘技术，可以识别医疗流程中的瓶颈和资源浪费问题，帮助医院科学合理地调配医疗设备和人力资源。这不仅提高了医疗服务的可及性和公平性，还降低了医疗成本。

1.2.5 数据科学的发展方向

数据科学在社会和经济发展中的重要性愈加凸显，数据科学的未来无疑是多姿多彩且充满无限可能的。展望未来，数据科学将继续推动各行各业的革新与发展。以下是几个值得关注的主要发展方向。

1. 数据治理技术与多模态融合分析

数据治理技术能够迅速识别并修正数据中的错误，确保数据的精确性和可信度，助力企业实时监控数据质量、处理异常数据、识别潜在风险，并深度挖掘数据价值。多模态融合分析通过整合不同模态数据的互补优势，显著提升分析结果的精确性。例如，在情感分析领域，结合文本和语音数据能更准确地识别情感状态；在自动驾驶领域，融合视觉和雷达数据能极大地提高环境感知的准确性和安全性。

2. 边缘计算与物联网集成

边缘计算能够在数据源头附近进行即时分析，减少数据传输的延迟，同时有效提升操作效率。随着物联网设备的广泛部署，边缘计算的强化将进一步增强数据安全性，减少集中式数据处理带来的潜在风险。

3. 数据安全与隐私保护

数据安全与隐私保护依然是数据科学的重要挑战。随着人工智能和大数据技术的发展，企业对数据的依赖日益增强，对数据安全的需求也随之激增。传统的安全防护措施已难以应对新兴安全威胁，因此需要更加精细和灵活的策略来确保数据的合法使用与保护。

4. 技术与人才培养的挑战

尽管深度学习和机器学习在图像识别、自然语言处理等多个领域取得了显著成就，但如何提高模型的解释性、可靠性以及处理大规模实时数据等问题，仍是数据科学未来发展中的关键挑战。此外，鉴于数据科学的跨学科特性，对具备统计学、计算机科学等多学科知识的高素质人才的需求日益增长。因此，培养能够应对复杂数据环境的专业人才，成为推动数据科学发展的重要任务。教育机构和企业应加强合作，共同培养能够适应未来数据挑战的专业人才。

总之，数据科学作为一门前沿学科，不仅提供了强大的数据分析工具，而且在推动科技进步和社会转型方面扮演着不可或缺的角色。通过解决数据安全、技术难题和人才培养等问题，数据科学将引领我们走向一个更加智能化、数字化的未来。

1.3　数据科学家

随着数据科学的发展，数据科学职业应运而生，且社会需求量持续增长。2005 年，美国国家科学委员会将数据科学家定义为"信息与计算机科学家、数据库与软件工程师及程序员"。2008 年，日本工业标准调查会将数据科学家定义为"进行创造性探索与分析、掌握数据库技术并能通过数码数据开展工作的人士"。数据研究高级科学家 Rachel 认为，数据科学家是"计算机科学家、软件工程师和统计学家的混合体"。2010 年，Drew Conway 发布了数据科学韦恩图（见图 1 - 3），通过重叠区域表示数据科学不同领域之间的联系。目前，学术界普遍认为，数据科学家是指能采用科学方法，运用数据挖掘工具对复杂多量的数字、符号、文字、网址、音频或视频等信息进行数字化重现与认识，并能寻找新的数据洞察的工程师或专家。

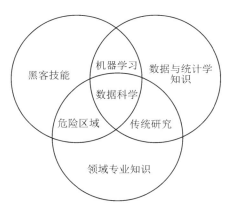

图 1 - 3　Drew Conway 的数据科学韦恩图

简而言之，数据科学家必须能够运用统计分析、机器学习、分布式处理等技术，从大量数据中提取出对业务有意义的信息，以易懂的形式传达给决策者，并创造出新的数据运用服务。一个优秀的数据科学家应懂数据采集、懂数学算法、懂数学软件、懂数据分析、懂预测分析、懂市场应用、懂决策分析等。他们需要具备的核心能力包括 SQL、统计、预测建模和编程等，同时也需要具备数据预处理、机器学习、可视化等技能。此外，专业领域、商业智慧、创造力及表达能力也被认为同样重要。只有具备上述能力，数据科学家才能有效地从数据中提取出有价值的信息，从而帮助企业做出更加科学和精准的决策。

本 章 小 结

　　本章探讨了数据科学的相关概念及应用。首先，详细介绍了数据、大数据的相关概念、特点及技术基础；然后阐述了数据科学的概念、研究内容，并结合教育、环境保护等具体应用场景，介绍了数据科学在不同领域的应用，强调了其在解决实际问题中的巨大潜力与影响力；最后介绍了数据科学家及其应具备的能力。通过本章的学习，读者能够初步了解数据科学导论课程的基本框架，并了解数据科学在各行业领域的实际应用，从而充分认识到数据科学已成为推动社会各领域创新发展的关键工具。

习 题 1

1. 简述数据的类型。
2. 简述数据、信息和知识三者的区别和联系。
3. 简述大数据的特征。
4. 简述数据科学的研究内容，并查找资料说明数据科学的应用案例。
5. 简述数据科学家应具备的能力。

第 2 章　数据科学的数学基础

知识目标：

掌握线性代数、图论、微积分、概率与数理统计、集合论等相关概念、定理。

能力目标：

掌握线性代数、图论、微积分、概率与数理统计、集合论等知识在数据科学中的应用原理，并用相关原理解决、优化相关问题。

课程思政： 掌握数学工具，为解决实际数据问题提供支持；传承科学家追求真理、勇于探索的精神，以严谨态度和创新思维为数据科学奠定数学根基。

线性代数、图论、微积分等数学知识在数据处理分析中的作用至关重要。本章就数据科学中用到的相关数学知识进行介绍，旨在使读者掌握相关数学概念、模型及方法，以便于解决数据科学应用中的一些实际问题。

2.1　线　性　代　数

线性代数是重要的数学工具，矩阵又是线性代数的核心内容，广泛应用于信号与信息处理、通信、模式识别等研究领域。在数据科学中线性代数所涉及的内容主要有矩阵的基本概念、矩阵的运算、矩阵的初等变换、奇异值分解等。

2.1.1　矩阵的基本概念

矩阵是线性代数中的一个基本概念，本节先给出行列式的概念，再给出矩阵的概念。

定义 2 - 1 n 阶行列式是位于 n 个不同行、n 个不同列的 n 个元素的乘积的代数和，记作

$$D = \begin{vmatrix} a_{11} & a_{12} & \cdots & a_{1n} \\ a_{21} & a_{22} & \cdots & a_{2n} \\ \vdots & \vdots & & \vdots \\ a_{n1} & a_{n2} & \cdots & a_{nn} \end{vmatrix}$$

对于 n 阶行列式，从每一行中选择一个元素，且确保这些元素来自不同的列，而每一行都有 n 种选择，因此，从 n 列中选择不同列的 n 个元素的排列数为 $n!$，即 n 阶行列式的项数为 $n!$。

n 阶行列式 D 表示数值，其规定如下：

当 $n=1$ 时，$D=|a_{11}|=a_{11}$；

当 $n \geqslant 2$ 时，$D=a_{11}A_{11}+a_{12}A_{12}+\cdots+a_{1n}A_{1n}=\sum_{j=1}^{n}a_{1j}A_{1j}$，

其中，在 n 阶行列式中划去元素 a_{ij} 所在的第 i 行第 j 列元素后剩下的元素按原来的排法构成一个 $n-1$ 阶的行列式，称其为 a_{ij} 的余子式，记为 M_{ij}，称 $(-1)^{i+j}M_{ij}$ 为 a_{ij} 的代数余子式，记为 A_{ij}，即 $A_{ij}=(-1)^{i+j}M_{ij}$。

$$M_{ij}=\begin{vmatrix} a_{11} & \cdots & a_{1,j-1} & a_{1,j+1} & \cdots & a_{1n} \\ \vdots & & \vdots & \vdots & & \vdots \\ a_{i-1,1} & \cdots & a_{i-1,j-1} & a_{i-1,j+1} & \cdots & a_{i-1,n} \\ a_{i+1,1} & \cdots & a_{i+1,j-1} & a_{i+1,j+1} & \cdots & a_{i+1,n} \\ \vdots & & \vdots & \vdots & & \vdots \\ a_{n1} & \cdots & a_{n,j-1} & a_{n,j+1} & \cdots & a_{nn} \end{vmatrix}$$

定义 2-2 由 $m \times n$ 个元素形成的 m 行 n 列的数表称为矩阵，记作 $A_{m \times n}$ 或 $(a_{ij})_{m \times n}$，即

$$A_{m \times n}=\begin{bmatrix} a_{11} & a_{12} & \cdots & a_{1n} \\ a_{21} & a_{22} & \cdots & a_{2n} \\ \vdots & \vdots & & \vdots \\ a_{m1} & a_{m2} & \cdots & a_{mn} \end{bmatrix}$$

当 $m=n$ 时，称矩阵 $A_{m \times n}$ 为方阵，记作 A 或 A_n。

常见的特殊矩阵有：

行矩阵（也称行向量）是由 1 行 n 个元素组成的矩阵。

列矩阵（也称列向量）是由 1 列 m 个元素组成的矩阵。

零矩阵是所有元素都为 0 的矩阵，记作 O。

对角矩阵是主对角线之外的元素都为 0 的矩阵，表示为 $\mathrm{diag}(a_{11}, a_{22}, \cdots, a_{nn})$，其中 a_{ii} 是主对角线上的元素。

单位矩阵是主对角线上的元素都为 1，而其他位置上的元素都为 0 的矩阵，记作 E 或 E_n。

关于矩阵的转置，我们给出下面的定义。

定义 2-3 将 $m \times n$ 阶矩阵 A 的行与列互换得到的 $n \times m$ 阶矩阵称为 A 的转置矩阵，记为 A^{T}。

在掌握矩阵的基本概念和性质后，下面，我们介绍矩阵的运算。

2.1.2 矩阵的运算

矩阵 A 与 B 的行数、列数都相等，称 A 与 B 为同型矩阵。

定义 2-4 对于同型矩阵 A 和 B，矩阵中对应元素全部相等，称 A 与 B 相等。

定义 2-5 对于同型矩阵 A 和 B，$C=A+B=(a_{ij})_{m \times n}+(b_{ij})_{m \times n}=(c_{ij})_{m \times n}$，其中，$c_{ij}=a_{ij}+b_{ij}(i=1, 2, \cdots, m; j=1, 2, \cdots, n)$。

根据定义 2-5，有 $A+B=B+A$，$(A+B)+C=A+(B+C)$，其中，A、B、C 为同型

矩阵。

定义 2 - 6 给矩阵 $\boldsymbol{A}$ 的每一个元素都乘以常数 k 后得到的矩阵，称作常数 k 和矩阵 $\boldsymbol{A}$ 的乘积，记作 $k\boldsymbol{A}$。

根据定义 2 - 6，有 $(\lambda\mu)\boldsymbol{A}=\lambda(\mu\boldsymbol{A})$，$(\lambda+\mu)\boldsymbol{A}=\lambda\boldsymbol{A}+\mu\boldsymbol{A}$，$\lambda(\boldsymbol{A}+\boldsymbol{B})=\lambda\boldsymbol{A}+\lambda\boldsymbol{B}$，其中，$\boldsymbol{A}$、$\boldsymbol{B}$ 为同型矩阵。

定义 2 - 7 设矩阵 $\boldsymbol{A}=(a_{ij})_{m\times s}$，$\boldsymbol{B}=(b_{ij})_{s\times n}$，记 $\boldsymbol{C}=(c_{ij})_{m\times n}$，矩阵 $\boldsymbol{C}$ 中元素 c_{ij} 为

$$c_{ij}=\sum_{k=1}^{s}a_{ik}b_{kj}=a_{i1}b_{1j}+a_{i2}b_{2j}+\cdots+a_{is}b_{sj}$$

称矩阵 $\boldsymbol{C}$ 为矩阵 $\boldsymbol{A}$ 与 $\boldsymbol{B}$ 的乘积，记作 $\boldsymbol{C}=\boldsymbol{AB}$。

矩阵乘积满足以下性质：

(1) 结合律：$(\boldsymbol{AB})\boldsymbol{C}=\boldsymbol{A}(\boldsymbol{BC})$。

(2) 分配律：$\boldsymbol{A}(\boldsymbol{B}+\boldsymbol{C})=\boldsymbol{AB}+\boldsymbol{AC}$。

(3) 数乘与矩阵乘积的结合：$k(\boldsymbol{A})\boldsymbol{B}=\boldsymbol{A}(k\boldsymbol{B})=k(\boldsymbol{AB})$。

需要注意的是：两个矩阵相乘时，必须满足第一个矩阵的列数与第二个矩阵的行数相同。矩阵的乘法一般情况下并不满足交换律，即 $\boldsymbol{AB}\neq\boldsymbol{BA}$。下面，我们引入逆矩阵的概念。

定义 2 - 8 对于 n 阶矩阵 $\boldsymbol{A}$，若有一个 n 阶矩阵 $\boldsymbol{B}$ 使得 $\boldsymbol{AB}=\boldsymbol{BA}=\boldsymbol{E}$，则称矩阵 $\boldsymbol{A}$ 是可逆的，并把矩阵 $\boldsymbol{B}$ 称为 $\boldsymbol{A}$ 的逆矩阵。

如果矩阵 $\boldsymbol{A}$ 是可逆的，那么 $\boldsymbol{A}$ 的逆矩阵是唯一的。这是因为：若 $\boldsymbol{B}$、$\boldsymbol{C}$ 都是 $\boldsymbol{A}$ 的逆矩阵，则有 $\boldsymbol{B}=\boldsymbol{BE}=\boldsymbol{B}(\boldsymbol{AC})=(\boldsymbol{BA})\boldsymbol{C}=\boldsymbol{EC}=\boldsymbol{C}$，所以 $\boldsymbol{A}$ 的逆矩阵是唯一的。

$\boldsymbol{A}$ 的逆矩阵记作 $\boldsymbol{A}^{-1}$，即若 $\boldsymbol{AB}=\boldsymbol{BA}=\boldsymbol{E}$，则 $\boldsymbol{B}=\boldsymbol{A}^{-1}$。

定理 2 - 1 若矩阵 $\boldsymbol{A}$ 可逆，则 $|\boldsymbol{A}|\neq 0$。

定理 2 - 2 若 $|\boldsymbol{A}|\neq 0$，则矩阵 $\boldsymbol{A}$ 可逆，且

$$\boldsymbol{A}^{-1}=\frac{1}{|\boldsymbol{A}|}\boldsymbol{A}^{*}$$

其中 $\boldsymbol{A}^{*}$ 为矩阵 $\boldsymbol{A}$ 的伴随矩阵，即 $\boldsymbol{A}^{*}$ 是由 A_{ij} 所构成的方阵的转置。

【例 2 - 1】 求 2 阶可逆矩阵 $\boldsymbol{A}=\begin{bmatrix} a & b \\ c & d \end{bmatrix}(ad-bc\neq 0)$ 的逆矩阵。

解 易知 $|\boldsymbol{A}|=ad-bc$，$\boldsymbol{A}^{*}=\begin{bmatrix} d & -b \\ -c & a \end{bmatrix}$，根据定理 2 - 2，有

$$\boldsymbol{A}^{-1}=\frac{1}{|\boldsymbol{A}|}\boldsymbol{A}^{*}=\frac{1}{ad-bc}\begin{bmatrix} d & -b \\ -c & a \end{bmatrix}$$

下面介绍特征值和特征向量概念。

定义 2 - 9 设 $\boldsymbol{A}$ 是 n 阶方阵，若存在数 λ 和 n 维非零向量 $\boldsymbol{\alpha}$，使得 $\boldsymbol{A\alpha}=\lambda\boldsymbol{\alpha}$，则称数 λ 为矩阵 $\boldsymbol{A}$ 的一个特征值，非零向量 $\boldsymbol{\alpha}$ 称为矩阵 $\boldsymbol{A}$ 对应于 λ 的特征向量。

根据特征值的定义，计算特征值的方法如下：

$$|\lambda\boldsymbol{E}-\boldsymbol{A}|=\begin{vmatrix} \lambda-a_{11} & -a_{12} & \cdots & -a_{1n} \\ -a_{21} & \lambda-a_{22} & \cdots & -a_{2n} \\ \vdots & \vdots & & \vdots \\ -a_{n1} & -a_{n2} & \cdots & \lambda-a_{nn} \end{vmatrix}=0$$

显然，特征值是$|\lambda E - A| = 0$的根，$|\lambda E - A|$称为A的特征多项式，$|\lambda E - A| = 0$称为A的特征方程。

【例2-2】 求矩阵$A = \begin{bmatrix} 3 & -1 \\ -1 & 3 \end{bmatrix}$的特征值和特征向量。

解 A的特征多项式为

$$|\lambda E - A| = \begin{vmatrix} \lambda - 3 & -1 \\ -1 & \lambda - 3 \end{vmatrix} = (\lambda - 3)^2 - 1 = \lambda^2 - 6\lambda + 8$$

$$= (\lambda - 2)(\lambda - 4)$$

故A的特征值为$\lambda_1 = 2, \lambda_2 = 4$。

分别令$(2E - A)X = O$，$(4E - A)X = O$，可得

$$\begin{bmatrix} -1 & -1 \\ -1 & -1 \end{bmatrix} \begin{bmatrix} x_1 \\ x_2 \end{bmatrix} = \begin{bmatrix} 0 \\ 0 \end{bmatrix}$$

$$\begin{bmatrix} 1 & -1 \\ -1 & 1 \end{bmatrix} \begin{bmatrix} x_1 \\ x_2 \end{bmatrix} = \begin{bmatrix} 0 \\ 0 \end{bmatrix}$$

解得矩阵A的特征向量为$kP_1 = k\begin{bmatrix} -1 \\ 1 \end{bmatrix}$，$kP_2 = k\begin{bmatrix} 1 \\ 1 \end{bmatrix}$，其中$k$为非零常数。

作为线性代数中的核心内容，矩阵运算不仅遵循特定规则，而且在线性方程组的求解、几何变换、数据表示等发挥着重要作用。下面将介绍矩阵的初等变换。

2.1.3   矩阵的初等变换

矩阵的初等变换在解线性方程组、求逆矩阵及矩阵理论的研究中发挥着重要的作用。矩阵的初等行(列)变换主要有交换行(列)、倍加行(列)、倍乘行(列)等。为便于讨论，本节重点讨论行变换。

定义2-10   矩阵的初等行变换主要有：

(1) 对调两行(对调i, j两行，记作$r_i \leftrightarrow r_j$)；

(2) 以数$k \neq 0$乘某一行中的所有元素(第i行乘k，记作$r_i \times k$)；

(3) 把矩阵的某一行的k倍加到另一行(第j行的k倍加到第i行，记作$r_i + kr_j$)。

类似可定义矩阵的初等列变换(相应记号中把r换成c)。

定义2-11   由单位矩阵E经过一次初等变换得到的矩阵称为初等矩阵。初等矩阵是可逆的，且其逆矩阵是同一类型的初等矩阵，即

(1) $E(i, j)^{-1} = E(i, j)$；

(2) $E(i(\lambda))^{-1} = E\left(i\left(\frac{1}{\lambda}\right)\right)(\lambda \neq 0)$；

(3) $E(i, j(\lambda))^{-1} = E(i, j(-\lambda))(i \neq j)$。

【例2-3】 运用初等行变换，计算$A = \begin{bmatrix} 1 & -3 & 2 \\ -3 & 0 & 1 \\ 1 & 1 & -1 \end{bmatrix}$的逆矩阵$A^{-1}$。

解   因为

$$[\boldsymbol{A} \mid \boldsymbol{E}] = \begin{bmatrix} 1 & -3 & 2 & 1 & 0 & 0 \\ -3 & 0 & 1 & 0 & 1 & 0 \\ 1 & 1 & -1 & 0 & 0 & 1 \end{bmatrix} \rightarrow \begin{bmatrix} 1 & -3 & 2 & 1 & 0 & 0 \\ 0 & -9 & 7 & 3 & 1 & 0 \\ 0 & 4 & -3 & -1 & 0 & 1 \end{bmatrix}$$

$$\rightarrow \begin{bmatrix} 1 & -3 & 2 & 1 & 0 & 0 \\ 0 & -9 & 7 & 3 & 1 & 0 \\ 0 & 0 & \dfrac{1}{9} & \dfrac{1}{3} & \dfrac{4}{9} & 1 \end{bmatrix} \rightarrow \begin{bmatrix} 1 & -3 & 2 & 1 & 0 & 0 \\ 0 & -9 & 7 & 3 & 1 & 0 \\ 0 & 0 & 1 & 3 & 4 & 9 \end{bmatrix}$$

$$\rightarrow \begin{bmatrix} 1 & -3 & 0 & -5 & -8 & -18 \\ 0 & 9 & 0 & -18 & -27 & -63 \\ 0 & 0 & 1 & 3 & 4 & 9 \end{bmatrix} \rightarrow \begin{bmatrix} 1 & -3 & 0 & -5 & -8 & -18 \\ 0 & 1 & 0 & 2 & 3 & 7 \\ 0 & 0 & 1 & 3 & 4 & 9 \end{bmatrix}$$

$$\rightarrow \begin{bmatrix} 1 & 0 & 0 & 1 & 1 & 3 \\ 0 & 1 & 0 & 2 & 3 & 7 \\ 0 & 0 & 1 & 3 & 4 & 9 \end{bmatrix}$$

所以

$$\boldsymbol{A}^{-1} = \begin{bmatrix} 1 & 1 & 3 \\ 2 & 3 & 7 \\ 3 & 4 & 9 \end{bmatrix}$$

　　矩阵的初等变换是理解和操作矩阵的关键步骤，它通过行变换和列变换将矩阵简化，揭示了矩阵的内在结构和性质。当我们熟练掌握了矩阵的初等变换，便能够更深入地探索矩阵的深层次特性，而奇异值分解（Singular Value Decomposition，SVD）正是这一探索过程中的重要里程碑。

2.1.4　奇异值分解

　　定义 2－12　设 $\boldsymbol{A}$ 为 $m \times n$ 阶矩阵，$q = \min(m, n)$，若 $\boldsymbol{A}^{\mathrm{T}} \boldsymbol{A}$ 的特征值为 $\lambda_1, \lambda_2, \cdots, \lambda_q$，则称 $\sigma_i = \sqrt{\lambda_i}(i = 1, 2, \cdots, q)$ 为矩阵 $\boldsymbol{A}$ 的奇异值。

　　【例 2－4】　求矩阵 $\boldsymbol{A} = \begin{bmatrix} 1 & 0 & 1 \\ 0 & 1 & 1 \\ 0 & 0 & 0 \end{bmatrix}$ 的奇异值。

　　解　令 $\boldsymbol{B} = \boldsymbol{A}^{\mathrm{T}} \boldsymbol{A}$，即

$$\boldsymbol{B} = \begin{bmatrix} 1 & 0 & 0 \\ 0 & 1 & 0 \\ 1 & 1 & 0 \end{bmatrix} \begin{bmatrix} 1 & 0 & 1 \\ 0 & 1 & 1 \\ 0 & 0 & 0 \end{bmatrix} = \begin{bmatrix} 1 & 0 & 1 \\ 0 & 1 & 1 \\ 1 & 1 & 2 \end{bmatrix}$$

则 $\boldsymbol{B}$ 的特征多项式为

$$|\lambda \boldsymbol{E} - \boldsymbol{B}| = \begin{vmatrix} \lambda-1 & 0 & 1 \\ 0 & \lambda-1 & 1 \\ 1 & 1 & \lambda-2 \end{vmatrix} = \lambda(\lambda-3)(\lambda-1)$$

故矩阵 $\boldsymbol{B}$ 的特征值为 $\lambda_1 = 3$，$\lambda_2 = 1$，$\lambda_3 = 0$。因此，矩阵 $\boldsymbol{A}$ 的奇异值为 $\sigma_1 = \sqrt{3}$，$\sigma_2 = 1$，$\sigma_3 = 0$。

奇异值分解能够将矩阵分解为左奇异向量矩阵、奇异值矩阵和右奇异向量矩阵的共轭转置三个矩阵（如图 2-1 所示），奇异值按降序排列，即第一个奇异值是矩阵 $\boldsymbol{A}$ 最大特征值。这一分解揭示了矩阵的内在结构，广泛应用于降维、数据压缩、信号处理、图像处理等领域。

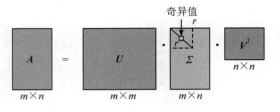

图 2-1　奇异值分解矩阵表示

定义 2-13　设 $\boldsymbol{A}$ 是 $m \times n$ 阶矩阵，存在矩阵 $\boldsymbol{U}$ 是一个 $m \times m$ 阶的左奇异向量矩阵，矩阵 $\boldsymbol{\Sigma}$ 是一个 $m \times n$ 阶的奇异值矩阵（对角线上的元素为奇异值），矩阵 $\boldsymbol{V}$ 是一个 $n \times n$ 阶的右奇异向量矩阵，使得

$$\boldsymbol{A} = \boldsymbol{U} \boldsymbol{\Sigma} \boldsymbol{V}^{\mathrm{T}}$$

则称将矩阵 $\boldsymbol{A}$ 进行奇异值分解。

【例 2-5】　求矩阵 $\boldsymbol{A} = \begin{bmatrix} 0 & 1 \\ 1 & 1 \\ 1 & 0 \end{bmatrix}$ 的奇异值分解。

解　求出 $\boldsymbol{A}\boldsymbol{A}^{\mathrm{T}}$ 和 $\boldsymbol{A}^{\mathrm{T}}\boldsymbol{A}$：

$$\boldsymbol{A}\boldsymbol{A}^{\mathrm{T}} = \begin{bmatrix} 0 & 1 \\ 1 & 1 \\ 1 & 0 \end{bmatrix} \begin{bmatrix} 0 & 1 & 1 \\ 1 & 1 & 0 \end{bmatrix} = \begin{bmatrix} 1 & 1 & 0 \\ 1 & 2 & 1 \\ 0 & 1 & 1 \end{bmatrix}$$

$$\boldsymbol{A}^{\mathrm{T}}\boldsymbol{A} = \begin{bmatrix} 0 & 1 & 1 \\ 1 & 1 & 0 \end{bmatrix} \begin{bmatrix} 0 & 1 \\ 1 & 1 \\ 1 & 0 \end{bmatrix} = \begin{bmatrix} 2 & 1 \\ 1 & 2 \end{bmatrix}$$

由特征方程求得 $\boldsymbol{A}\boldsymbol{A}^{\mathrm{T}}$ 的特征值为 $\lambda_1 = 3$，$\lambda_2 = 1$，$\lambda_3 = 0$，故与之对应的特征向量为

$$\boldsymbol{\xi}_1 = \begin{bmatrix} 1 \\ 2 \\ 1 \end{bmatrix}, \ \boldsymbol{\xi}_2 = \begin{bmatrix} 1 \\ 0 \\ -1 \end{bmatrix}, \ \boldsymbol{\xi}_3 = \begin{bmatrix} 1 \\ -1 \\ 1 \end{bmatrix}$$

求解方程 $\boldsymbol{A}\boldsymbol{A}^{\mathrm{T}} \boldsymbol{u}_i = \lambda_i \boldsymbol{u}_i$，得到左奇异向量 $\boldsymbol{U}$ 的列向量 $\boldsymbol{u}_1$、$\boldsymbol{u}_2$、$\boldsymbol{u}_3$：

$$\boldsymbol{u}_1 = \begin{bmatrix} \dfrac{1}{\sqrt{6}} \\ \dfrac{2}{\sqrt{6}} \\ \dfrac{1}{\sqrt{6}} \end{bmatrix}, \ \boldsymbol{u}_2 = \begin{bmatrix} \dfrac{1}{\sqrt{2}} \\ 0 \\ -\dfrac{1}{\sqrt{2}} \end{bmatrix}, \ \boldsymbol{u}_3 = \begin{bmatrix} \dfrac{1}{\sqrt{3}} \\ -\dfrac{1}{\sqrt{3}} \\ \dfrac{1}{\sqrt{3}} \end{bmatrix}$$

将所有计算并单位化后的 $\boldsymbol{u}_j$ 作为列向量，得到左奇异向量 $\boldsymbol{U}$：

$$\boldsymbol{U} = \begin{bmatrix} \dfrac{1}{\sqrt{6}} & \dfrac{1}{\sqrt{2}} & \dfrac{1}{\sqrt{3}} \\ \dfrac{2}{\sqrt{6}} & 0 & -\dfrac{1}{\sqrt{3}} \\ \dfrac{1}{\sqrt{6}} & -\dfrac{1}{\sqrt{2}} & \dfrac{1}{\sqrt{3}} \end{bmatrix}$$

同理，求得 $\boldsymbol{A}^{\mathrm{T}}\boldsymbol{A}$ 的特征值为 $\lambda_1=3$，$\lambda_2=1$，故与之对应的特征向量为

$$\boldsymbol{\xi}_1=\begin{bmatrix}1\\1\end{bmatrix},\ \boldsymbol{\xi}_2=\begin{bmatrix}-1\\1\end{bmatrix}$$

求解方程 $\boldsymbol{A}^{\mathrm{T}}\boldsymbol{A}\boldsymbol{v}_i=\lambda_i\boldsymbol{v}_i$，得到右奇异向量 $\boldsymbol{V}$ 的列向量 $\boldsymbol{v}_1$、$\boldsymbol{v}_2$：

$$\boldsymbol{v}_1=\begin{bmatrix}\dfrac{1}{\sqrt{2}}\\\dfrac{1}{\sqrt{2}}\end{bmatrix},\ \boldsymbol{v}_2=\begin{bmatrix}-\dfrac{1}{\sqrt{2}}\\\dfrac{1}{\sqrt{2}}\end{bmatrix}$$

将所有计算并单位化后的 $\boldsymbol{v}_j$ 作为列向量，得到右奇异向量 $\boldsymbol{V}$：

$$\boldsymbol{V}=\begin{bmatrix}\dfrac{1}{\sqrt{2}}&-\dfrac{1}{\sqrt{2}}\\\dfrac{1}{\sqrt{2}}&\dfrac{1}{\sqrt{2}}\end{bmatrix}$$

由 $\boldsymbol{A}^{\mathrm{T}}\boldsymbol{A}$ 的特征值 $\lambda_1=3$，$\lambda_2=1$ 得出奇异值

$$\sigma_1=\sqrt{3},\ \sigma_2=1$$

得奇异值矩阵为 $\begin{bmatrix}\sqrt{3}&0\\0&1\\0&0\end{bmatrix}$。

综上，矩阵 $\boldsymbol{A}$ 的奇异值分解为

$$\boldsymbol{A}=\boldsymbol{U}\boldsymbol{\Sigma}\boldsymbol{V}^{\mathrm{T}}=\begin{bmatrix}\dfrac{1}{\sqrt{6}}&\dfrac{1}{\sqrt{2}}&\dfrac{1}{\sqrt{3}}\\\dfrac{2}{\sqrt{6}}&0&-\dfrac{1}{\sqrt{3}}\\\dfrac{1}{\sqrt{6}}&-\dfrac{1}{\sqrt{2}}&\dfrac{1}{\sqrt{3}}\end{bmatrix}\begin{bmatrix}\sqrt{3}&0\\0&1\\0&0\end{bmatrix}\begin{bmatrix}\dfrac{1}{\sqrt{2}}&\dfrac{1}{\sqrt{2}}\\-\dfrac{1}{\sqrt{2}}&\dfrac{1}{\sqrt{2}}\end{bmatrix}$$

数据科学中，线性代数是处理和分析多维数据的基础，而作为线性代数的重要工具，奇异值分解能够有效地将复杂数据矩阵简化为若干关键组成部分，解释数据的本质结构，并提高数据处理的效率，为特征提取、噪声降低和模式识别等任务提供理论支持。

2.2　图 论 基 础

图论（Graph Theory）以图为研究对象，通常用点描述实体，并用两点连线表示实体间的某种关系，常用于处理和分析复杂的数据结构。

2.2.1　图论的基本概念

定义 2 - 14　图（Graph）是有节点（Vertex）和连接各节点的边（Edge）组成的数学结构，记作，$G=(V,E)$。其中，节点是图中的基本元素，也称为顶点，通常用 V 表示非空有穷集

合，V 也称节点集；边是连接两个节点的线段，通常用 E 表示边集合。

图可以分为有向图和无向图，边可以分为有向边和无向边。图中两个节点之间连接时称为邻接（Adjacency）。

定义 2-15   度（Degree）是与节点相连的边的数量。

需要说明的是，在有向图中，度数分为出度和入度，出度是从该节点出发边的数量，入度是指向该节点的边的数量。阶数是图的节点数，n 个节点的图称为 n 阶图。

环（Cycle）是图中形成一个循环的路径。在无向图中，环至少有三个节点和三条边；在有向图中，环可以是单向或者双向。

【例 2-6】   给定无向图 G，其中，点集 V 和边集 E 如下：

$V = \{A, B, C, D\}$，$E = \{\{A, B\}, \{A, C\}, \{B, C\}, \{C, D\}, \{D, A\}\}$

请根据给定的图 G 回答以下问题：

（1）判断图 G 是否包含环，并给出包含环的具体路径。

（2）确定图 G 中的每个节点的度数。

解   （1）图 G 中包含环，一个具体的环路径为 $A \to D \to C \to A$。

（2）因为与 A 相连的边有 $\{A, B\}$，$\{A, C\}$，$\{D, A\}$，所以 A 的度数是 3；同理，B 的度数是 2，C 的度数是 3，D 的度数是 2。

下面介绍连通图概念。

定义 2-16   连通图是指图中的任意两个节点都可以通过一条路径相互连接。若连通图是无向图，则称为连通无向图（如图 2-2）；若连通图是有向图，则称为强连通图（如图 2-3）。

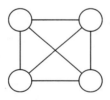
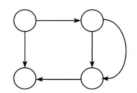

图 2-2   连通无向图   图 2-3   强连通图

定义 2-17   非连通图是指图中存在孤立的子图，即某些节点无法通过路径连接到其他节点。

定义 2-18   加权图（图 2-4）是指图中的边带有权重，表示连接两个节点的成本或距离。无权图则没有权重。

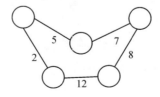

图 2-4   加权图

定义 2-19   简单图是指无自环（节点到自己的边）和重复边的图。

定义 2-20   多重图是指允许有重复的边，即同一对节点之间可以有多条边。

定义 2 - 21　有向无环图是指有向图中没有形成循环的路径。

定义 2 - 22　邻接矩阵(Adjacency Matrix)通过矩阵表示图的连接关系，其中矩阵的行和列分别对应图中的节点，矩阵元素表示节点之间是否有边。

对于无权图，邻接矩阵矩阵元素为 1 表示有边，为 0 表示无边。对于加权图，矩阵元素为边的权重。邻接矩阵适合表示稠密图，即边的数量接近或等于节点平方的图。

定义 2 - 23　邻接表(Adjacency List)通过链表表示图的连接关系，每个节点都有一个邻接列表，存储与该节点直接相连的节点。

邻接表适合表示稀疏图，即边的数量明显少于节点平方的图。邻接表可以节省存储空间，并且对于查找某个节点的邻接节点更高效。

【例 2 - 7】　给定无向图 $G = (V, E)$，其中 $V = \{A, B, C, D\}$，$E = \{(A, B), (A, C), (B, C), (C, D)\}$，使用邻接矩阵和邻接表两种方式表示这个图。

解　邻接矩阵表示为

	A	B	C	D
A	0	1	1	0
B	1	0	1	0
C	1	1	0	1
D	0	0	1	0

邻接表表示为

$$\text{Adj}[A] = \{B, C\}$$
$$\text{Adj}[B] = \{A, C\}$$
$$\text{Adj}[C] = \{A, B, D\}$$
$$\text{Adj}[D] = \{C\}$$

2.2.2　图的最短路径解决方案

在现实世界中，无论是交通网络、互联网路由还是供应链管理，最短路径问题都无处不在。通过图的表示可以应用算法等来寻找两点间的最短路径。其中，求解图中最短路径问题较为经典的算法有 Dijkstra's 算法、Bellman-Ford 算法和 Floyd-Warshall 算法。

Dijkstra's 算法由 Edsger W. Dijkstra 在 1956 年提出，适用于非负权重边的图。Dijkstra's 算法基于贪心策略，通过不断探索与源点更近的节点来构建最短路径。算法从源点出发，逐步扩展到更远的节点，直到覆盖整个图。每一步中，算法选择一个尚未访问的、到源点距离最短的节点，然后更新与其直接相连的未访问节点的最短路径估计值。

Bellman-Ford 算法由 Richard Bellman 和 Lester Ford 提出，能够处理负权重边的图。Bellman-Ford 算法的核心思想是"松弛操作"。算法通过 n 次迭代，每次遍历所有边，更新节点的距离。每次遍历时，先备份距离数组，防止串联更新。经过 n 次迭代后，所有边都满足不等式 $\text{dist}[b] \leqslant \text{dist}[a] + w$，从节点 a 到节点 b 的当前估计距离 $\text{dist}[b]$ 小于等于从节点 a 到节点 b 的当前估计距离加上边 a, b 的权重 w。

Floyd-Warshall 算法由 Robert Floyd 和 Stephen Warshall 提出，适用于计算所有节点对的最短路径，包括处理负权重边但不包括负权重循环。Floyd-Warshall 算法的核心思想是逐步扩展中间节点的集合来计算最短路径。通过考虑所有可能的中间节点来更新每一对节点之间的最短路径长度。

总之，Dijkstra's 算法其优点为逻辑简单，能适用于多种场景并且高效解决最短路径问题；其缺点为在稠密图中性能受限且无法处理负权边。Bellman-Ford 算法其优点为处理负权边、算法实现清晰简单，适用于单源最短路径问题；其缺点为时间复杂度高，仅适用于单源最短路径问题应用范围有限。Floyd-Warshall 算法其优点为灵活、逻辑直接且简单，具有全局视角；其缺点为时间复杂度高、对内存需求大，因此不适合大规模图。

【例 2-8】 给定加权无向图，其中，$V=\{A，B，C，D，E\}$，边及其权重如图 2-5 所示。运用 Dijkstra's 算法找出从顶点 A 到其他顶点的最短路径。

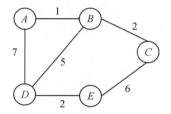

图 2-5 加权无向图

解 计算过程如图 2-6 所示，从 A 到 B 的最短路径为 $A \rightarrow B$，权重为 1；从 A 到 C 的最短路径为 $A \rightarrow B \rightarrow C$，权重为 3；从 A 到 D 的最短路径为 $A \rightarrow B \rightarrow D$，权重为 6；从 A 到 E 的最短路径为 $A \rightarrow B \rightarrow D \rightarrow E$，权重为 8。

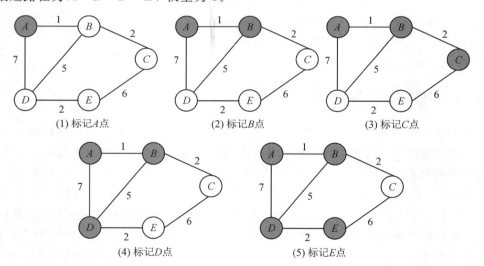

图 2-6 计算过程

图的最短路径算法（如 Dijkstra's、Bellman-Ford 和 Floyd-Warshall 算法）是图论中用于寻找两点间最短路径的关键工具，广泛应用于物流、交通和网络路由等领域。这些算法不仅优化了货物运输路线、城市公交系统，还提高了互联网数据传输的效率。此外，图论中的深度优先搜索（Depth-First Search，DFS）和广度优先搜索（Breadth-First Search，BFS）算法，在图的连通性和路径探索问题中同样重要。DFS 通过深入探索图的每个分支来寻找目标，而 BFS 则逐层扩展以找到最短路径。

2.2.3　深度优先搜索策略

深度优先搜索是 Edsger W. Dijkstra 于 1959 年提出的。DFS 在现实世界中有广泛的应用，例如在解决迷宫问题、岛屿问题以及图的遍历等场景中。深度优先搜索是一种用于遍历或搜索树或图的算法，其尽可能深地搜索树的分支。DFS 算法的核心思想是从起始顶点开始，沿着路径尽可能深地探索，直到无法继续前进时才回溯。

深度优先搜索的具体步骤是，通过三种颜色标记节点状态：白色表示未访问，灰色表示正在访问（已访问但邻接节点未全部探索），红色表示已访问且其所有邻接节点都已访问（路径确定）。DFS 过程开始于将所有节点初始化为白色，然后选择一个起始节点并将其标记为灰色，进行访问处理。接着，对于该节点的每个未访问邻接节点，递归执行 DFS；对于已访问邻接节点，根据颜色判断是否需要进一步操作。当节点的所有邻接节点都访问完毕后，将节点标记为红色。如果无邻接节点或所有邻接节点已访问，则回溯到上一个节点。这个过程重复进行，直到所有节点都被访问。伪代码如下：

```
function DFS(graph, start_node):
    color={node: 'White' for node in graph}   # 初始化所有节点为白色
    time=0   # 用于记录访问时间
    function visit(node):
        color[node]='Gray'   # 标记为灰色，表示正在访问
        print(f"Visiting {node}")   # 处理节点
        for neighbor in graph[node]:
            if color[neighbor]=='White':
                visit(neighbor)
        color[node]='Red'   # 标记为红色，表示已完全访问
        time += 1
        print(f"Finished {node} at time {time}")   # 记录完成时间
    visit(start_node)
```

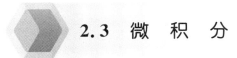

2.3　微　积　分

本节主要介绍微积分的相关知识。微积分作为数学领域的一门基础学科，其在数据科学中的应用日益凸显。数据科学旨在从海量数据中挖掘有价值的信息，而微积分作为一种强大的量化分析工具，为数据科学家提供了处理复杂问题的工具。在这个信息爆炸的时代，微积分不仅帮助我们理解数据的本质规律，还能优化算法、提高模型预测精度。本节将简要介绍微积分在数据科学中的应用，探讨如何运用微积分原理解决实际问题，为广大数据科学爱好者打开一扇连接数学科学与数学之美的大门。

2.3.1　导数与微分

导数是微积分中的一个核心概念，导数描述了一个函数在某一点处的瞬时变化率。具体来说，导数衡量的是当自变量发生微小变化时，函数值的变化幅度。在几何意义上，导数

可以理解为曲线在某一点处的切线斜率，它反映了曲线在该点的倾斜程度。

定义 2-24 设函数 $y=f(x)$ 在点 x_0 的某个邻域内有定义，当自变量 x 在 x_0 处取得增量 Δx（点 $x_0+\Delta x$ 仍在该邻域内）时，相应地，因变量取得增量 $\Delta y=f(x_0+\Delta x)-f(x_0)$；如果当 $\Delta x \to 0$ 时 Δy 与 Δx 之比的极限存在，那么称函数 $y=f(x)$ 在点 x_0 处可导，并称这个极限值为函数 $y=f(x)$ 在点 x_0 处的导数，记为 $f'(x_0)$，即

$$f'(x_0)=\lim_{\Delta x \to 0}\frac{\Delta y}{\Delta x}=\lim_{\Delta x \to 0}\frac{f(x_0+\Delta x)-f(x_0)}{\Delta x}$$

也可记作 $y'|_{x=x_0}$，$\dfrac{\mathrm{d}y}{\mathrm{d}x}\Big|_{x=x_0}$ 或 $\dfrac{\mathrm{d}f(x)}{\mathrm{d}x}\Big|_{x=x_0}$。

导数作为描述函数在某一点处瞬时变化率的工具，为研究函数在区间上的所有点的瞬时变化率的情况，本节引入导函数。

定义 2-25 如果函数 $y=f(x)$ 在开区间 I 内的每个点处都可导，那么就称函数 $y=f(x)$ 在开区间 I 内可导。这时，对于任意 $x \in I$，都对应着 $f(x)$ 的一个确定的导数值，由此构成了一个函数。这个函数是原来函数 $y=f(x)$ 的导函数，记作 y'，$f'(x)$，$\dfrac{\mathrm{d}y}{\mathrm{d}x}$ 或 $\dfrac{\mathrm{d}f(x)}{\mathrm{d}x}$。

将定义 2-24 中导数定义式中的 x_0 换成 x，即得导函数的定义式：

$$y'=\lim_{\Delta x \to 0}\frac{\Delta y}{\Delta x}=\lim_{\Delta x \to 0}\frac{f(x+\Delta x)-f(x)}{\Delta x}$$

或

$$f'(x)=\lim_{h \to 0}\frac{f(x+h)-f(x)}{h}$$

根据函数 $y=f(x)$ 在点 x_0 处的导数 $f'(x_0)$ 的定义，导数

$$f'(x)=\lim_{h \to 0}\frac{f(x+h)-f(x)}{h}$$

是一个极限，而极限存在的充要条件是左、右极限都存在且相等，因此，$f'(x_0)$ 存在即 $f(x)$ 在点 x_0 处可导的充要条件是左极限 $\lim\limits_{h \to 0^-}\dfrac{f(x_0+h)-f(x_0)}{h}$ 和右极限 $\lim\limits_{h \to 0^+}\dfrac{f(x_0+h)-f(x_0)}{h}$ 存在且相等。此时，上述两个极限分别为函数 $y=f(x)$ 在点 x_0 处的左导数和右导数，记作 $f'_-(x_0)$ 及 $f'_+(x_0)$，即

$$f'_-(x_0)=\lim_{h \to 0^-}\frac{f(x_0+h)-f(x_0)}{h}$$

$$f'_+(x_0)=\lim_{h \to 0^+}\frac{f(x_0+h)-f(x_0)}{h}$$

定义 2-26 左导数和右导数统称为单侧导数。如果函数 $f(x)$ 在开区间 (a,b) 内可导，且 $f'_-(b)$ 及 $f'_+(a)$ 都存在，那么就说 $f(x)$ 在闭区间 $[a,b]$ 上可导。

前面我们了解到导数的基本概念，接下来的关键步骤就是如何具体计算一个函数在某一点的导数。导数的计算通常依赖于导数的定义，即极限的定义，以及一系列的导数法则和求导技巧。这些法则包括但不限于幂函数的导数、指数函数和对数函数的导数，以及和、差、积、商的导数法则。通过这些法则，我们可以将复杂的函数分解为基本函数的组合，然

后逐一计算。

基本初等函数的求导公式：

(1) $(C)' = 0$（C 为常数）；

(2) $(x^\mu)' = \mu x^{\mu-1}$；

(3) $(\sin x)' = \cos x$；

(4) $(\cos x)' = -\sin x$；

(5) $(\tan x)' = \sec^2 x$；

(6) $(\cot x)' = -\csc^2 x$；

(7) $(\sec x)' = \sec x \tan x$；

(8) $(\csc x)' = -\csc x \cot x$；

(9) $(e^x)' = e^x$；

(10) $(\ln x)' = \dfrac{1}{x}$；

(11) $(a^x)' = a^x \ln a$（$a>0$，$a \neq 1$）；

(12) $(\log_a x)' = \dfrac{1}{x \ln a}$（$a>0$，$a \neq 1$）。

基本初等函数的求导公式是学习求导的起点。这些公式简洁明了地提供直接计算上述函数导数的方法。然而，当面对更复杂的函数时，我们需要用到函数的求导法则进行计算。

定理 2-3　设 $u = u(x)$ 和 $v = v(x)$ 都可导（其中 C 为常数），则

(1) $(u \pm v)' = u' \pm v'$；

(2) $(Cu)' = Cu'$；

(3) $(uv)' = u'v + uv'$；

(4) $\left(\dfrac{u}{v}\right)' = \dfrac{u'v - uv'}{v^2}$。

当函数的结构变得更加复杂，尤其是当函数是由多个基本函数复合时，普通的求导法则就不足以应对。这时，我们需要复合函数的求导法则，即**链式法则**，进行计算。

复合函数求导的链式法则为，设 $y = f(u)$，$u = g(x)$，且 $f(u)$ 及 $g(x)$ 都在相应域内可导，则复合函数 $y = f[g(x)]$ 的导数为

$$\frac{dy}{dx} = \frac{dy}{du} \cdot \frac{du}{dx} \quad \text{或} \quad y'(x) = f'(u) \cdot g'(x)$$

【例 2-9】　求函数 $y = \sin(2x^3 + 5)$ 的导数。

解　由复合函数的求导法则得

$$y' = f'[g(x)] \cdot g'(x)$$

即

$$y' = [\sin(2x^3 + 5)]' \cdot (2x^3)' = \cos(2x^3 + 5) \cdot 6x^2$$

所以原函数的导数为

$$y' = 6x^2 \cos(2x^3 + 5)$$

通过微分，我们可以将函数的变化分解为自变量的微小增量与相应的函数增量之间的线性关系，从而在更精细的层面上理解和处理函数的变化。

定义 2-27　设函数 $y = f(x)$ 在某个开区间内有定义，x_0 及 $x_0 + \Delta x$ 在该区间内，如

果函数的增量

$$\Delta y = f(x_0 + \Delta x) - f(x_0)$$

可表示为

$$\Delta y = A\Delta x + o(\Delta x)$$

其中 A 是不依赖于 Δx 的常数，$o(\Delta x)$ 是比 Δx 高阶的无穷小，那么称函数 $y = f(x)$ 在点 x_0 处是可微的，而 $A\Delta x$ 叫作函数 $y = f(x)$ 在点 x_0 处相应于自变量增量 Δx 的微分，记作 $\mathrm{d}y$，即

$$\mathrm{d}y = A\Delta x$$

定理 2-4　函数 $y = f(x)$ 在点 x_0 处可微的充要条件是 $y = f(x)$ 在点 x_0 处可导，且 $A = f'(x)$，即

$$\mathrm{d}y = f'(x_0)\Delta x$$

下面给出基本初等函数的微分公式。

(1) $\mathrm{d}C = 0$（C 为常数）；

(2) $\mathrm{d}(x^\mu) = \mu x^{\mu-1}\mathrm{d}x$；

(3) $\mathrm{d}(a^x) = a^x \ln x\,\mathrm{d}x$；

(4) $\mathrm{d}(\mathrm{e}^x) = \mathrm{e}^x\,\mathrm{d}x$；

(5) $\mathrm{d}(\log_a x) = \dfrac{1}{x \ln a}\mathrm{d}x$；

(6) $\mathrm{d}(\ln x) = \dfrac{1}{x}\mathrm{d}x$；

(7) $\mathrm{d}(\sin x) = \cos x\,\mathrm{d}x$；

(8) $\mathrm{d}(\cos x) = -\sin x\,\mathrm{d}x$；

(9) $\mathrm{d}(\tan x) = \sec^2 x\,\mathrm{d}x$；

(10) $\mathrm{d}(\cot x) = -\csc^2 x\,\mathrm{d}x$；

(11) $\mathrm{d}(\sec x) = \sec x \tan x\,\mathrm{d}x$；

(12) $\mathrm{d}(\csc x) = -\csc x \cot x\,\mathrm{d}x$；

(13) $\mathrm{d}(\arcsin x) = \dfrac{1}{\sqrt{1-x^2}}\mathrm{d}x$；

(14) $\mathrm{d}(\arccos x) = -\dfrac{1}{\sqrt{1-x^2}}\mathrm{d}x$；

(15) $\mathrm{d}(\arctan x) = \dfrac{1}{1+x^2}\mathrm{d}x$；

(16) $\mathrm{d}(\text{arccot}\,x) = -\dfrac{1}{1+x^2}\mathrm{d}x$。

当我们需要对复合函数或者由基本函数组合而成的更复杂函数进行微分时，引入微分法则显得尤为重要。函数的和、差、积、商微分法则如下，其中 C 为常数。

(1) $\mathrm{d}(u \pm v) = \mathrm{d}u \pm \mathrm{d}v$；

(2) $\mathrm{d}(Cu) = C\mathrm{d}u$；

(3) $\mathrm{d}(uv) = v\mathrm{d}u + u\mathrm{d}v$；

（4）$\mathrm{d}\left(\dfrac{u}{v}\right)=\dfrac{v\,\mathrm{d}u-u\,\mathrm{d}v}{v^2}(v\neq 0)$。

定理 2-5　设 $y=f(u)$，$u=g(x)$，且 $f(u)$ 及 $g(x)$ 都在相应域内可导，则复合函数 $y=f[g(x)]$ 的微分为

$$\mathrm{d}y=y'_x\mathrm{d}x=f'(u)g'(x)\mathrm{d}x$$

导数与微分在数据科学中的统计分析、时间序列分析以及各种优化问题中都有着广泛的应用。总之，导数与微分是数据科学家揭示数据内在规律、构建高效模型的重要工具。

2.3.2　矩阵求导

在数据科学的领域，模型的训练过程本质上是一个优化问题，旨在找到一组参数，使得模型能够尽可能准确地预测或分类数据。矩阵求导为我们提供了一种高效计算梯度的方法。接下来，让我们一起探索矩阵求导的方法，理解它是如何在优化算法中发挥关键作用的。

下面介绍函数矩阵。

以实函数 $y_{ij}(x)$ 为元素的函数矩阵为

$$\boldsymbol{Y}(x)=\begin{bmatrix} y_{11}(x) & y_{12}(x) & \cdots & y_{1n}(x) \\ y_{21}(x) & y_{22}(x) & \cdots & y_{2n}(x) \\ \vdots & \vdots & & \vdots \\ y_{m1}(x) & y_{m2}(x) & \cdots & y_{mn}(x) \end{bmatrix}$$

当 $m=1$ 时，$\boldsymbol{Y}(x)$ 是函数行向量；当 $n=1$ 时，$\boldsymbol{Y}(x)$ 是函数列向量。以下给出矩阵关于向量的求导方法。

定义 2-28　若矩阵 $\boldsymbol{Y}(x)=(y_{ij}(x))_{m\times n}$ 关于向量 $\boldsymbol{X}$ 中的 $x_j(j=1,2,\cdots,n)$ 均可导，则矩阵

$$\boldsymbol{Y}=\begin{bmatrix} y_{11} & y_{12} & \cdots & y_{1n} \\ y_{21} & y_{22} & \cdots & y_{2n} \\ \vdots & \vdots & & \vdots \\ y_{m1} & y_{m2} & \cdots & y_{mn} \end{bmatrix}$$

关于向量 $\boldsymbol{X}=\begin{bmatrix} x_1 \\ x_2 \\ \vdots \\ x_n \end{bmatrix}$ 的导数可表示为

$$\frac{\partial \boldsymbol{Y}}{\partial \boldsymbol{X}}=\begin{bmatrix} \dfrac{\partial y_{11}}{\partial x_1} & \dfrac{\partial y_{12}}{\partial x_2} & \cdots & \dfrac{\partial y_{1n}}{\partial x_n} \\ \dfrac{\partial y_{21}}{\partial x_1} & \dfrac{\partial y_{22}}{\partial x_2} & \cdots & \dfrac{\partial y_{2n}}{\partial x_n} \\ \vdots & \vdots & & \vdots \\ \dfrac{\partial y_{m1}}{\partial x_1} & \dfrac{\partial y_{m2}}{\partial x_2} & \cdots & \dfrac{\partial y_{mn}}{\partial x_n} \end{bmatrix}$$

矩阵求导是机器学习研究的重要工具。以感知机模型为例,感知机模型的目标是找到一条最优的超平面,以实现对数据点的分类。这一目标可以通过最小化一个损失函数来实现,该损失函数衡量了模型预测与实际之间的差异。在此过程中,运用矩阵求导计算损失函数关于模型参数(即权重矩阵和偏置向量)的梯度,从而能够高效地更新权重和偏置,逐步调整感知机的决策边界,直到找到能够最佳划分数据集的超平面。

假设输入空间(特征向量)是 $X \subseteq R^n$,输出空间是 $Y = \{+1, -1\}$。$x \in X$ 表示输入实例的特征向量,对于输入空间(特征向量)的点,$y \in Y$ 表示输出实例的类别。函数 $y = f(x) = \text{sign}(\omega \cdot x + b)$ 称为感知机。其中,ω 和 b 为感知机模型参数,$\omega \in R^n$ 叫作权值(Weight)或权值向量(Weight Vector),$b \in R$ 叫作偏置(Bias),$\omega \cdot x$ 表示 ω 和 x 的内积。sign 是符号函数,即

$$\text{sign}(x) = \begin{cases} +1, & x \geqslant 0 \\ -1, & x < 0 \end{cases}$$

感知机是一种线性分类模型,属于判别模型。矩阵求导为感知机模型提供了参数更新的方向和步长,从而使得感知机能够有效地学习到数据中的分类边界。

2.3.3 积分

直观地说,对于一个给定的正实值函数,在一个实数区间上的定积分可以理解为在坐标平面上,由曲线、直线以及轴围成的曲边梯形的面积值(一种确定的实数值)。积分主要分为不定积分和定积分等两种类型。积分的计算方法主要有直接积分法、分部积分法、换元积分法等。

定义 2-29 在区间 I 上,可导函数 $F(x)$ 的导函数为 $f(x)$,对任意 $x \in I$,都有 $F'(x) = f(x)$(或 $dF(x) = f(x)dx$),函数 $F(x)$ 就称为 $f(x)$(或 $f(x)dx$)在区间 I 上的一个原函数。

例如:$(x^2)' = 2x$,所以 x^2 是 $2x$ 的一个原函数。

接下来,引入不定积分的概念。

定义 2-30 在区间 I 上,函数 $f(x)$ 的带有任意常数项的原函数称为 $f(x)$(或 $f(x)dx$)在区间 I 上的不定积分,记作 $\int f(x)dx$。其中,$\int$ 为积分号,$f(x)$ 称为被积函数,$f(x)dx$ 称为被积表达式,x 称为积分变量。

如果函数 $F(x)$ 是 $f(x)$ 在区间 I 上的一个原函数,那么 $F(x) + C$ 就是 $f(x)$ 的不定积分,即 $\int f(x)dx = F(x) + C$。因而,不定积分 $\int f(x)dx$ 可以表示 $f(x)$ 的任意一个原函数。

下面介绍定积分的概念。

定义 2-31 假设函数 $f(x)$ 在区间 $[a, b]$ 上有界,在 $[a, b]$ 中任意插入若干个分点 $a = x_0 < x_1 < x_2 < \cdots < x_{n-1} < x_n = b$,把区间 $[a, b]$ 分成 n 个小区间 $[x_0, x_1]$,$[x_1, x_2]$,$\cdots$,$[x_{n-1}, x_n]$,各个小区间的长度依次为 $\Delta x_1 = x_1 - x_0$,$\Delta x_2 = x_2 - x_1$,$\cdots$,

$\Delta x_n = x_n - x_{n-1}$，在每个小区间 $[x_{i-1}, x_i]$ 上任取一点 $\xi_i (x_{i-1} \leqslant \xi_i \leqslant x_i)$，作函数 $f(\xi_i)$ 与小区间长度 Δx_i 的乘积 $f(\xi_i)\Delta x_i (i = 1, 2, \cdots, n)$，并作和 $S = \sum\limits_{i=1}^{n} f(\xi_i)\Delta x_i$。 记 $\lambda = \max\{\Delta x_1, \Delta x_2, \cdots, \Delta x_n\}$，当 $\lambda \to 0$ 时，$S = \sum\limits_{i=1}^{n} f(\xi_i)\Delta x_i$ 的极限存在，且与闭区间 $[a, b]$ 的分法及点 ξ_i 的取法无关，称极限 I 为函数 $f(x)$ 在区间 $[a, b]$ 上的定积分（简称积分），记作 $\int_a^b f(x)\mathrm{d}x$，即

$$\int_a^b f(x)\mathrm{d}x = I = \lim_{\lambda \to 0} \sum_{i=1}^{n} f(\xi_i)\Delta x_i$$

其中，$f(x)$ 称为被积函数，$f(x)\mathrm{d}x$ 称为被积表达式，x 称为积分变量，a 称为积分下限，b 称为积分上限，$[a, b]$ 称为积分区间。

常见积分公式如下：

(1) $\int k\,\mathrm{d}x = kx + C(k$ 是常数$)$；

(2) $\int x^\mu \mathrm{d}x = \dfrac{x^{\mu+1}}{\mu+1} + C$；

(3) $\int \dfrac{\mathrm{d}x}{x} = \ln|x| + C$；

(4) $\int \dfrac{\mathrm{d}x}{1+x^2} = \arctan x + C$；

(5) $\int \dfrac{\mathrm{d}x}{\sqrt{1-x^2}} = \arcsin x + C$；

(6) $\int \cos x\,\mathrm{d}x = \sin x + C$；

(7) $\int \sin x\,\mathrm{d}x = -\cos x + C$；

(8) $\int \dfrac{\mathrm{d}x}{\cos^2 x} = \int \sec^2 x\,\mathrm{d}x = \tan x + C$；

(9) $\int \dfrac{\mathrm{d}x}{\sin^2 x} = \int \csc^2 x\,\mathrm{d}x = -\cot x + C$；

(10) $\int \sec x \tan x\,\mathrm{d}x = \sec x + C$；

(11) $\int \csc x \cot x\,\mathrm{d}x = -\csc x + C$；

(12) $\int \mathrm{e}^x \mathrm{d}x = \mathrm{e}^x + C$；

(13) $\int a^x \mathrm{d}x = \dfrac{a^x}{\ln a} + C$。

以上积分公式中，C 表示任意常数。

2.4 概率与数理统计

概率论对不确定性随机事件进行量化，是研究随机现象数量规律的数学分支。数理统计学根据样本资料归纳出统计规律性，对总体进行推断和预测。概率论与数理统计是相互关联的，概率论提供了理论基础，而数理统计则将这些理论应用于实际问题。本节所介绍的内容应用于数据分析、机器学习、人工智能、网络安全、软件测试等诸多方面。

2.4.1 随机事件的概率

随机事件的概率用于量化随机试验中特定结果或事件发生的可能性。随机试验指在相同条件下可重复进行、结果不确定但具规律性的实验。概率值反映了事件发生的可能性，即在大量重复试验中，某事件出现的比例趋于一个稳定值，该值即为该事件的概率。

定义 2-32 设 E 是一个随机试验，S 是其样本空间（表示 E 的所有可能结果的集合）。对于 E 中每个事件 A 赋予其实数 $P(A)$，称为事件 A 的概率。

由定义 2-32 可知，概率满足非负性、归一化及完全可加性等。非负性是对于任意事件 $A \subseteq S$，$P(A) \geqslant 0$。归一化是指 $P(S) = 1$。完全可加性是事件 A_i，A_j，且 $A_i \cap A_j = \varnothing$，有 $P(\bigcup\limits_{i=1}^{k} A_i) = \sum\limits_{i=1}^{k} P(A_i)$。

如果事件 A 和 B 相互独立，则两个事件 A、B 同时发生的概率等于各自概率的乘积，即 $P(A \cap B) = P(A)P(B)$。一般地，对事件 A 和 B，有 $P(A \cup B) = P(A) + P(B) - P(A \cap B)$。事件 B 发生但事件 A 没有发生的概率为 $P(B-A) = P(B) - P(A \cap B)$。

【例 2-10】 设甲同学有一个装有 10 个球的袋子，其中有 3 个红球、4 个蓝球和 3 个绿球，现在甲同学随机从袋子里抽取一个球，请计算以下事件的概率：

（1）抽到绿球；

（2）抽到红球或蓝球；

（3）抽不到红球。

解 可定义事件 $A = \{$抽到红球$\}$，事件 $B = \{$抽到蓝球$\}$，事件 $C = \{$抽到绿球$\}$。

（1）$P(C) = \dfrac{\text{绿球数量}}{\text{总球数}} = \dfrac{3}{10}$。

（2）$P(A \cup B) = P(A) + P(B) = \dfrac{7}{10}$。

（3）$P(\overline{A}) = 1 - P(A) = \dfrac{7}{10}$。

下面介绍条件概率的定义。

定义 2-33 条件概率是已知事件 B 已经发生的条件下，事件 A 发生的概率，记作 $P(A \mid B)$，其中

$$P(A \mid B) = \frac{P(A \cap B)}{P(B)}$$

下面介绍全概率的定义。

定义 2-34 样本空间 S 划分为 n 个互斥且完备的事件$\{B_1, B_2, \cdots, B_n\}$，样本空间中的任何事件 A，事件 A 的概率可以表示为在每个事件 B_i 下 A 的条件概率乘以 B_i 的概率之和，公式为

$$P(A) = \sum_{i=1}^{n} P(A \mid B_i)P(B_i)$$

定义 2-35 样本空间 S 划分为 n 个互斥且完备的事件$\{A_1, A_2, \cdots, A_n\}$，$P(A_i)$ 是试验前的假定概率（先验概率），$P(A_i|B)$ 是试验后的假定概率（后验概率），事件 A_i 在已知事件 B 情况下发生了改变，其公式为

$$P(A_i|B) = \frac{P(B|A_i)P(A_i)}{\sum_{j=1}^{n} P(B|A_j)P(A_j)}, \quad i = 1, 2, \cdots, n$$

定义 2-35 常称为贝叶斯公式。

【例 2-11】 在一个公司中，程序员占 60%，销售员占 40%。程序员中有 80% 喜欢编程，销售员中只有 20% 喜欢编程。现随机选择一名员工，发现他喜欢编程。定义事件 A 为员工是程序员，事件 B 为员工喜欢编程。求这名员工是程序员的概率 $P(A|B)$。

解 由题意得

$$P(A) = 0.6, P(\overline{A}) = 0.4, P(B|A) = 0.8, P(B|\overline{A}) = 0.2$$

通过全概率公式计算 $P(B)$：

$$P(B) = P(B|A)P(A) + P(B|\overline{A})P(\overline{A})$$
$$= 0.8 \times 0.6 + 0.2 \times 0.4$$
$$= 0.56$$

应用贝叶斯公式计算 $P(A|B)$：

$$P(A|B) = \frac{P(B|A)P(A)}{P(B)} = \frac{0.8 \times 0.6}{0.56} \approx 0.8571$$

所以在公司随机选择的一名喜欢编程的员工中，这名员工是程序员的概率大约是 85.71%。

2.4.2 随机变量及其数字特征

在样本空间 S 上，对于每个样本点 $\omega \in S$，都有唯一的实数 $X(\omega)$ 与之对应，且对于任意实数 x，事件$\{\omega | X(\omega) \leqslant x\}$ 都有确定的概率 $P\{\omega | X(\omega) \leqslant x\}$ 与之对应，则称 $X(\omega)$ 为随机变量，简记为 $X(\omega)$。

定义 2-36 对于任意实数 x，记函数 $F(x) = P\{X \leqslant x\}(-\infty < x < +\infty)$，称 $F(x)$ 是随机变量 X 的分布函数。分布函数的值等于随机变量 X 在区间$(-\infty, x]$上取值的概率。

根据分布函数是否连续，随机变量可分为离散型随机变量和连续型随机变量。常见的离散型随机变量的分布（表 2-1）有伯努利分布、二项分布、几何分布、泊松分布和超几何分布，常见的连续型随机变量的分布有均匀分布、正态分布和指数分布。

表 2 - 1　常见的离散型随机变量分布

随机分布类型	描述	公式
伯努利分布	伯努利分布也称 0-1 分布，是最简单的离散型随机变量，其模拟的是只有两种结果的随机试验（p 是成功的概率）	$P(X=1)=p$ $P(X=0)=1-p$
二项分布	二项分布描述在固定次数的伯努利试验中成功的次数（n 是试验次数，k 是成功次数，p 是单次试验成功的概率）	$P(X=k)=\mathrm{C}_n^k p^k (1-p)^{n-k}$
几何分布	几何分布描述了在一系列独立的伯努利试验中，获得第一次成功所需的试验次数（n 是实验次数，k 是获得第一次成功所需的次数，p 是单次试验成功的概率）	$P(X=k)=(1-p)^{k-1}p$
泊松分布	泊松分布用于模拟在固定的时间或空间间隔内发生的事件数量，这些事件以已知的恒定平均速率发生，并且与上一个事件以来的时间独立（k 代表事件数量，λ 代表事件的平均发生率，e 是自然对数的底数）	$P(X=k)=\dfrac{\lambda^k e^{-\lambda}}{k!}$
超几何分布	超几何分布描述了在不替换的情况下，从有限总体中抽取固定数量的样本时，成功（或特定类型）的数量（N 是实验次数，K 是总体中成功的状态数量，n 是抽取的样本数量，k 是样本成功状态数量）	$P(X=k)=\dfrac{\mathrm{C}_K^k \mathrm{C}_{N-K}^{n-k}}{\mathrm{C}_N^n}$

【例 2 - 12】　一个软件公司正在测试其新开发的程序。测试过程中将程序暴露给 100 个不同的用户，以检查程序是否会崩溃，其中程序崩溃的概率是 0.05，以下是与测试相关的假设，请列出相应的公式。

（1）公司想要知道在 100 个用户中程序崩溃 k 次；

（2）如果程序在第一个用户上没有崩溃，那么需要继续测试 k 次使第一次崩溃发生；

（3）在一个繁忙的服务器上，程序每分钟被使用的平均次数是 5 次，公司想要估算在一小时内程序崩溃的次数 k；

（4）在 100 个用户中，有 20 个是高级用户。公司想要知道在这 100 个用户中随机选择 10 个用户，其中至少有 2 个是高级用户的概率。

解　令程序在单个用户上崩溃记为 $X=1$，否则，记 $X=0$。

（1）$P(X=k)=\mathrm{C}_{100}^k (0.05)^k (0.95)^{100-k}$。

（2）$P(X=k)=(0.95)^{n-1} \times 0.05$。

（3）$P(X=k)=\dfrac{(5\times 60)^k e^{-5\times 60}}{k!}$。

（4）$P(X=k)=\dfrac{\mathrm{C}_{20}^k \mathrm{C}_{80}^{10-k}}{\mathrm{C}_{100}^{10}}$，$P(X\geqslant 2)=1-P(X=0)-P(X=1)$。

下面介绍均匀分布、正态分布及指数分布的定义。

设 X 是随机变量，其分布函数为 $F(x)$，如果存在非负可积函数 $f(x)$，使得

$$F(x) = \int_{-\infty}^{x} f(t)\,\mathrm{d}t, \quad -\infty < x < +\infty$$

则称 X 为连续型随机变量，称 $f(x)$ 为 X 的概率密菀函数，简称为概率密度。

定义 2 - 37　均匀分布指随机变量在某个区间内的概率分布只与区间长度有关，而与起点无关，若随机变量 X 在区间 $[a, b]$ 上均匀分布，则其概率密度函数为

$$f(x) = \begin{cases} \dfrac{1}{b-a}, & a < x < b \\ 0, & \text{其他} \end{cases}$$

定义 2 - 38　正态分布也称高斯分布，指随机变量 X 的概率密度函数为

$$f(x) = \frac{1}{\sigma\sqrt{2\pi}}\mathrm{e}^{-\frac{(x-\mu)^2}{2\sigma^2}}, \quad -\infty < x < +\infty$$

其中，μ 为均值，σ^2 为方差。

需要说明的是，正态分布依赖于 μ，$\sigma(\sigma > 0)$ 这两个参数，常简化为 $N(\mu, \sigma^2)$，其正态分布 $f(x)$ 的图像关于 $x = \mu$ 对称，在 $x = \mu$ 处取得最大值 $\dfrac{1}{\sqrt{2\pi}\sigma}$。$f(x)$ 在 $(-\infty, \mu)$ 内单调增，在 $(\mu, +\infty)$ 内单调减。尤其是，当 σ^2 较大时，其函数曲线平坦，反之，其函数曲线陡峭，如图 2 - 7 所示。

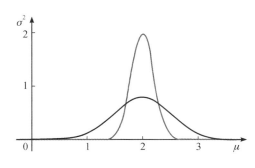

图 2 - 7　正态分布

定义 2 - 39　若随机变量 X 的概率密度函数为

$$f(x) = \begin{cases} \lambda\mathrm{e}^{-\lambda x}, & x > 0 \\ 0, & x \leqslant 0 \end{cases}$$

其中，$\lambda > 0$ 为常数，则称随机变量 X 服从参数为 λ 的指数分布。

指数分布常用于描述泊松过程中事件之间的时间间隔。

【例 2 - 13】　一家工厂生产某种零件，对零件的长度、强度和使用寿命三个指标进行质量控制。设零件的长度 L、强度 S 和使用寿命 T 分别服从以下分布：

（ⅰ）长度 L 在区间 $[10, 20]$ 厘米上服从均匀分布；

（ⅱ）强度 S 服从均值为 50 千克力，标准差为 5 千克力的正态分布；

（ⅲ）使用寿命 T 服从参数为 $\lambda = 0.01$ 的指数分布，表示每单位时间内零件失效的速率。

现在工厂随机抽取一个零件，问题如下：

（1）该零件长度在 12～15 厘米之间的概率是多少？

（2）该零件强度超过 55 千克力的概率是多少？

（3）该零件使用寿命超过 100 小时的概率是多少？

解 （1）令长度为 L，其公式为 $f_L(l)=\dfrac{1}{b-a}$，对于 $a\leqslant l\leqslant b$，有

$$P(12\leqslant L\leqslant 15)=\int_{12}^{15}\frac{1}{10}\mathrm{d}l=0.3$$

（2）令强度为 S，其公式为 $f_S(s)=\dfrac{1}{\sigma\sqrt{2\pi}}\mathrm{e}^{-\frac{(s-\mu)^2}{2\sigma^2}}$，故

$$P(S>55)=1-P(S\leqslant 55)\approx 0.1587$$

（3）令使用寿命为 T，其公式为 $f_T(t)=\lambda\mathrm{e}^{-\lambda t}$，$t\geqslant 0$，故

$$P(T>100)\approx 0.3679$$

离散型随机变量取值为有限或可数，适合描述非连续量；连续型随机变量可在区间内取任意值，适合描述连续变化的量。随机变量的数字特征是对随机变量进行量化描述的关键统计量，提供了随机变量取值分布的重要信息。随机变量的数字特征包含期望值（均值）、方差及协方差等。期望值是随机变量的平均取值，反映了随机变量中心趋势的度量。

定义 2-40 离散型随机变量的数学期望定义为 $E(X)=\sum\limits_i x_i P(X=x_i)$，其中，$x_i$ 是随机变量可能值，$P(X=x_i)$ 是 X 取可能值的概率。

由此定义知，$E(C)=C$，其中 C 是常数。$E(aX+b)=aE(X)+b$，其中 a 和 b 是常数。若 X 和 Y 是两个随机变量且 $E(X)$ 和 $E(Y)$ 存在，则 $E(X+Y)=E(X)+E(Y)$。

定义 2-41 离散型随机变量的方差定义为 $D(X)=E\{[X-E(X)]^2\}=\sum\limits_i [x_i-E(X)]^2 P(X=x_i)$。

方差是衡量随机变量取值分布离散程度的度量，描述随机变量取值与其期望值之间差异的平方的期望值。$D(C)=0$，其中 C 是常数。$D(aX+b)=a^2 D(X)$，其中 a 和 b 是常数。若 X 和 Y 是两个相互独立的随机变量，则 $D(X+Y)=D(X)+D(Y)$。

定义 2-42 连续型随机变量的数学期望定义为 $E(X)=\int_{-\infty}^{\infty} xf(x)\mathrm{d}x$，其中，$f(x)$ 是随机变量的概率密度函数。

定义 2-43 连续型随机变量的方差定义为

$$D(X)=E\{[X-E(X)]^2\}=\int_{-\infty}^{\infty}[x-E(X)]^2 f(x)\mathrm{d}x$$

【例 2-14】 若有随机变量 $X\sim N(3,2)$，请给出随机变量 X 的期望和方差。

解 由于随机变量 X 服从均值为 $\mu=3$ 的正态分布，其期望等于均值，因此 $E(X)=3$；其方差为 $\sigma^2=2$，因此 $D(X)=2$。

协方差是衡量两个随机变量之间线性关系强度和方向的统计量。

定义 2-44 随机变量 X 和 Y，其协方差定义为 $\mathrm{cov}(X,Y)=E\{[X-E(X)][Y-E(Y)]\}$，其中，$E(X)$ 和 $E(Y)$ 分别是随机变量 X 和 Y 的期望值。

$\mathrm{cov}(X, Y)$ 表示随机变量 X 和 Y 各自均值偏离乘积的期望值。

根据定义 2 - 44，有如下结论：$\mathrm{cov}(X, Y) = \mathrm{cov}(Y, X)$；$\mathrm{cov}(X, X) = D(X)$；$\mathrm{cov}(aX + b, cY + d) = ac\,\mathrm{cov}(X, Y)$。

2.4.3　统计学

统计学涵盖随机变量、概率分布、样本与总体、参数估计、假设检验及置信区间等基本概念，利用数学模型分析数据随机性，通过样本推断总体特征，助力从数据中提取信息、支持决策并评估不确定性。

定义 2 - 45　参数估计是指在统计学中，基于样本数据对总体分布的参数（如均值、方差等）进行估计的过程，包括点估计和区间估计两种方法。点估计是指直接用样本统计量（如样本均值）作为总体参数的估计值；而区间估计则提供了一个值的范围（置信区间），在这个范围内，真实的总体参数以一定的概率（置信水平）被认为位于其中。

常见的估计类型有矩法估计、最大似然估计、贝叶斯估计、最小二乘估计、最小偏差估计，具体概念及示例如表 2 - 2 所示。

表 2 - 2　估计类型

估计类型	概　念	示　例
矩法估计	通过将样本矩（如样本均值、方差）等同于总体矩来估计参数	假设有一个正态分布的总体，想要估计其均值 μ 和方差 σ^2。样本均值 $\overline{X}$ 用于估计总体均值 μ，样本方差 S^2 用于估计总体方差 σ^2
最大似然估计	最大似然估计是一种选择参数值的方法，这些参数值使得观察到的样本数据出现的概率（似然函数）最大	如果有个样本 $X_1, X_2, \cdots, X_n$ 来自均值为 μ 和方差为 σ^2 的正态分布，似然函数是每个观测值的概率密度函数的乘积。最大似然估计（MLE）估计的 μ 和 σ^2 就是最大化这个似然函数的值，通常通过取对数似然函数的导数并令其为零来求解
贝叶斯估计	在贝叶斯框架下结合先验分布和样本数据，通过后验分布来估计参数	假设一个参数 θ 有个先验分布，并且观察到了一些数据。贝叶斯估计将使用这些数据来更新 θ 的分布，得到后验分布，然后就可以使用后验分布的均值或中位数作为 θ 的估计值
最小二乘估计	在回归分析中，通过最小化误差的平方和来估计模型参数	在简单线性回归中，模型 $Y = \beta_0 + \beta_1 X + \epsilon$，其中 ϵ 是误差项。最小二乘估计将找到 β_0 和 β_1 的值，使残差平方和 $\sum\limits_{i=1}^{n}[Y_i - (\beta_0 + \beta_1 X_i)]^2$ 最小
最小偏差估计	寻找在某种偏差度量下最小化的估计量	在某些情况下，矩法估计或最大似然估计可能会有偏差。最小偏差估计会尝试找到一个不同的估计量，比如通过调整样本均值来减少偏差，使得估计量在某种意义上更接近真实的参数值

假设检验是用于评估关于总体参数的假设是否可靠，分为参数检验(当总体分布已知时)和非参数检验(当总体分布未知时)。检验过程包括五个步骤：首先设定原假设(H_0)和备择假设(H_1)；其次根据数据特点选择合适的检验方法，如Z检验、t检验或非参数检验；然后确定显著性水平(α)，通常为0.05或0.01；接着，计算检验统计量；最后将检验统计量与临界值或p值比较，以决定是否拒绝原假设。

2.4.4　蒙特卡洛法

蒙特卡洛法是一种利用随机抽样和统计模拟来解决复杂问题的数值计算方法，尤其适合无法用精确数学公式求解的情况。其核心步骤包括：定义问题(如圆的面积与其外切正方形面积比)，生成大量随机样本点，统计落在特定区域(如圆内)的点数，以此比例估计目标值(如π)。通过大数定律和中心极限定理，计算统计量以进行分析。

例如，使用蒙特卡洛法估算圆周率π，其步骤为初始化计数器、设定总点数、生成随机点、判断点的位置并计算π的近似值。具体步骤如下：首先设置一个计数器为0，用于记录落在圆内的点的数量，其次确定要生成的随机点的数量(该数量决定模拟的精度)，然后在正方形内均匀生成随机点，每点的横纵坐标在$[-1,1]$范围内，接着对每个随机点判断其是否落圆内(即是否满足$x^2+y^2\leqslant1$)，最后使用公式$\pi\approx4\times\dfrac{\text{落在圆内的点的数量}}{\text{总点数}}$来计算$\pi$的近似值。

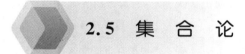

2.5　集　合　论

集合论主要研究集合(由不同元素构成的整体)的结构、性质以及集合之间的关系。本节主要涉及集合代数、二元关系、关系闭包等内容。

2.5.1　集合代数

集合代数主要包括并集、交集和补集等集合运算，是数据预处理、数据分析等应用研究的核心内容。

定义 2-46　集合是由一些确定的、不同的元素(Elements)构成的整体，这些元素可以是任何事物，比如数字、字母、对象等。

集合中的元素是无序的，也是不同的。常见的特殊集合有空集、全集、子集、幂集、有限集和无限集。通常情况下，用大写英文字母表示集合，例如，集合A，集合B等；用小写英文字母表示集合中的元素，例如，元素a，元素b等。集合的表示方法有枚举法、叙述法和文氏图等。

定义 2-47　枚举法又称列举法或显示法，是枚举出集合中所有或部分元素。

枚举法的优势是能展示元素间的规律，具体表示形式如下：

枚举出集合中的所有元素：$A=\{a,b,c,d\}$；

枚举出集合中的部分元素：$B=\{0,2,4,\cdots,2n,\cdots\}$。

定义 2 - 48　叙述法又称谓词表示法，是通过用自然语言描述集合中元素所具有的某种特性来表示结合的方法。通常用符号 $P(X)$ 来表示不同对象 x 所具有的性质。具体表现形式如下：

$$C = \{x \mid P(x)\}$$

定义 2 - 49　文氏图又称维恩图，用于展示集合或类之间的关系，一般用方形表示全集。

定义 2 - 50　若集合 A 的所有元素都是集合 B 的元素，称 A 是 B 的子集，记作 $A \subseteq B$。

定义 2 - 51　幂集指如果 A 为任意集合，把 A 的所有不同子集构成的集合叫 A 的幂集，记作 $P(A)$，即 $P(A) = \{x \mid x \subseteq A\}$。

集合的运算包括并集、交集、相对补集、绝对补集、对称差集等。接下来，探讨集合的运算。

定义 2 - 52　集合 A 和 B 的并集是包含 A 和 B 所有元素的集合，记作

$$A \cup B = \{x \mid x \in A \vee x \in B\}$$

定义 2 - 53　集合 A 和 B 的交集是同时属于 A 和 B 的元素组成的集合，记作

$$A \cap B = \{x \mid x \in A \wedge x \in B\}$$

定义 2 - 54　集合 A 和 B 的相对补集是属于 A 但不属于 B 的元素组成的集合，记作

$$A - B = \{x \mid x \in A \wedge x \notin B\}$$

定义 2 - 55　集合 A 的绝对补集是全集中不属于 A 的所有元素组成的集合，记作

$$\overline{A} = U - A = \{x \mid x \in U \wedge x \notin A\}$$

定义 2 - 56　集合 A 和 B 的对称差集是只属于 A 或只属于 B 而不同时属于 A 和 B 的元素组成的集合，记作

$$A \oplus B = (A - B) \cup (B - A)$$

下面通过举例来说明集合的运算。

【例 2 - 15】　设 $U = \{1, 2, 3, 4, 5, 6, 7, 8, 9\}$，$A = \{1, 2, 3, 4\}$ 和 $B = \{3, 4, 5, 6\}$，分别求出 A 与 B 的并集、交集、相对补集、对称差集和绝对补集。

解　(1) $A \cup B = \{1, 2, 3, 4, 5, 6\}$。

(2) $A \cap B = \{3, 4\}$。

(3) $A - B = \{1, 2\}$，$B - A = \{5, 6\}$。

(4) $A \oplus B = (A - B) \cup (B - A) = \{1, 2, 5, 6\}$。

(5) $\overline{A} = U - A = \{5, 6, 7, 8, 9\}$，$\overline{B} = U - B = \{1, 2, 7, 8, 9\}$。

2.5.2　二元关系

二元关系是从集合 A 到集合 B 的笛卡尔积的子集，记作 $R \subseteq A \times B$，其中，$A \times B$ 是由所有有序对 (a, b) 组成的集合。若 $(a, b) \in R$，则称 a 与 b 在关系 R 下关联。二元关系用于描述两个集合间元素的对应关系，是数据分析处理的基础。

定义 2 - 57　R 是从集合 A 到集合 B 的有序对的集合，称该集合为一个二元关系，记作 R。若 $\langle x, y \rangle \in R$，有 xRy。

二元关系的表示方式有集合表达式、关系矩阵和关系图三种主要方法。

集合表达式使用数学符号和逻辑运算符来描述集合之间的关系。例如：$R=\{\langle 1,1\rangle,$ $\langle 1,2\rangle, \langle 2,4\rangle, \langle 4,2\rangle\}$。

关系矩阵是运用布尔值表示集合中元素之间的关系的矩阵，1 表示元素之间有关系，0 表示元素之间没有关系。例如：$R=\{\langle 1,1\rangle, \langle 1,2\rangle, \langle 2,4\rangle, \langle 4,2\rangle\}$ 二元关系 R 可表示为

$$
M_R = \begin{bmatrix} 1 & 1 & 0 & 0 \\ 0 & 0 & 0 & 1 \\ 0 & 0 & 0 & 0 \\ 0 & 1 & 0 & 0 \end{bmatrix}
$$

关系图是一种图形化的表示方法，使用节点来表示集合中的元素，用边来表示元素之间的关系，如图 2-8 所示。

图 2-8 关系图

二元关系 R 中，所有有序对的第一个元素构成的集合，称作 R 的定义域，记作 $\mathrm{dom}R$。第二个元素构成的集合，称作 R 的值域，记作 $\mathrm{ran}R$。二元关系 R 的定义域和值域的并集，称作 R 的域，记作 $\mathrm{fld}R$。R 中的第一元素和第二元素互换，称 R 的逆，记作 R^{-1}。R_1 与 R_2 复合，记 $R_1 \circ R_2$，其中，R^2 表示关系 R 与其本身复合。

【例 2-16】 已知 $R=\{\langle 1,2\rangle, \langle 1,3\rangle, \langle 3,4\rangle, \langle 3,2\rangle\}$，计算 R 的定义域、值域及其并集。

解 定义域 $\mathrm{dom}R=\{1,3\}$，值域 $\mathrm{ran}R=\{2,3,4\}$，$\mathrm{fld}R=\{1,2,3,4\}$。

通过介绍关系运算，现探讨自反性、对称性、传递性等关系的性质，能够更深刻地理解和应用关系。关系性质在集合表达式、关系矩阵以及关系图等对比分析见表 2-3。

表 2-3 关系性质

关系性质	集合表达式	关系矩阵	关系图
自反性	$I_A \subseteq R$	主对角线元素都为 1	每个元素都与自身有边相连
反自反性	$R \cap I_A = \varnothing$	主对角线元素都为 0	没有元素与自身有边相连
对称性	$R = R^{-1}$	矩阵是对称矩阵，即 $R[i][j]=R[j][i]$	如果存在从 a 到 b 的边，则也存在从 b 到 a 的边
反对称性	$R \cap R^{-1} \subseteq I_A$	若 $R[i][j]=R[j][i]=1$，则 $i=j$	如果存在 a 到 b 和 b 到 a 的边，则 a 和 b 必须是同一个元素
传递性	$R \circ R \subseteq R$	若 $R[i][j]=R[j][k]=1$，$R[i][k]=1$	如果存在从 a 到 b 和从 b 到 c 的边，则也存在从 a 到 c 的边

2.5.3　关系闭包

关系闭包是指在集合论和数学逻辑中，对于给定的一个集合和一个关系，通过添加一些元素来扩展这个关系，使得它满足某种性质。最常见的是自反闭包、对称闭包和传递闭包。

定义 2 - 58　自反闭包是在一个给定集合上的二元关系中，通过添加某些元素使得关系成为自反的。具体来说，如果有一个集合 S 和一个二元关系 R，那么 R 的自反闭包是包含 R 的最小的自反关系。

定义 2 - 59　对称闭包是在一个给定集合上的二元关系中，通过添加某些元素使得关系成为对称的。具体来说，如果有一个集合 S 和一个二元关系 R，那么 R 的对称闭包是包含 R 的最小的对称关系。

定义 2 - 60　传递闭包是在一个给定集合上的二元关系中，通过添加某些元素使得关系成为传递的。具体来说，如果有一个集合 S 和一个二元关系 R，那么 R 的传递闭包是包含 R 的最小的传递关系。

【例 2 - 17】　设集合 $A = \{1, 2, 3, 4\}$，二元关系 R 在集合 A 上定义为 $R = \{\langle 1, 2 \rangle,$ $\langle 2, 3 \rangle, \langle 3, 1 \rangle, \langle 4, 4 \rangle\}$，请给出 R 的对称闭包和传递闭包。

解　R 的对称闭包为
$$\{\langle 1, 2 \rangle, \langle 2, 1 \rangle, \langle 2, 3 \rangle, \langle 3, 2 \rangle, \langle 3, 1 \rangle, \langle 1, 3 \rangle, \langle 4, 4 \rangle\}$$

R 的传递闭包为
$$\{\langle 1, 1 \rangle, \langle 1, 2 \rangle, \langle 1, 3 \rangle, \langle 2, 1 \rangle, \langle 2, 2 \rangle, \langle 2, 3 \rangle, \langle 3, 1 \rangle, \langle 3, 2 \rangle, \langle 3, 3 \rangle, \langle 4, 4 \rangle\}$$

集合代数和二元关系提供了一种形式化的方法来描述和处理集合及其之间的关系，这些概念在大数据分析和处理中有着广泛的应用。例如，在垃圾邮件分类中，运用相似度、距离等测度，实现对垃圾邮件的分类。

本 章 小 结

本章首先介绍了矩阵的基本概念以及特征值及其特征向量的有关概念；其次，介绍了图的基本概念，如有向图和无向图、度数等；再次，介绍了导数微分、函数矩阵等有关概念，以及概率与数理统计的若干概念；最后，介绍了集合代数、二元关系、关系闭包等集合论的有关内容。

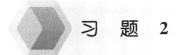

习 题 2

1. 设矩阵 $A = \begin{bmatrix} 1 & -1 & 1 \\ 2 & 4 & -2 \\ -3 & -3 & 5 \end{bmatrix}$，则 A 是否可以对角化？若可以，求出对角矩阵 $\boldsymbol{\Lambda}$ 及相似变换矩阵 $\boldsymbol{P}$。

2. 若方阵 X 满足 $X^2 - 3X - 10E = O$，E 为单位矩阵，证明 X，$X - 4E$ 均可逆，并求两者的逆矩阵。

3. 设 $A = \begin{bmatrix} 1 & 2 & 3 \\ 2 & 2 & 1 \\ 3 & 4 & 3 \end{bmatrix}$，请用初等行变换方法求解 A^{-1}。

4. 金属薄片的大小会随温度的变化而变化，当圆形半径由 x_0 变到 $x_0 + \Delta x$ 时，问圆形金属薄片的面积改变了多少？

5. 设 $Y = \begin{bmatrix} 2xy & y^2 & y \\ x^2 & 2xy & x \end{bmatrix}$，$X = \begin{bmatrix} x \\ y \end{bmatrix}$，求导数 $\dfrac{\partial Y}{\partial X}$。

6. 某工厂有 4 条流水线生产同一种产品，这 4 条流水线的产量分别占总产量比例为 0.15，0.2，0.3，0.35。这 4 条生产线生产的产品次品率依次为 0.05，0.04，0.03，0.02。当任意抽取一件时，抽取的产品为次品，由于该产品是哪一条流水线生产的标志已经看不清楚，试问厂方应该追究哪条流水线的责任比较合理？

7. 设集合 $A = \{1, 2, 3\}$，二元关系 R 在集合 A 上定义为 $R = \{\langle 1, 2 \rangle, \langle 2, 3 \rangle, \langle 3, 1 \rangle\}$，请给出 R 的自反闭包和对称闭包。

第 3 章 Python 语言基础

知识目标：

1. 了解 Python 语言，并能安装、运行 Python。
2. 熟悉变量、常量及其用法。
3. 熟悉程序控制结构，尤其是循环结构。
4. 掌握函数与模块，并能调用函数及自定义函数。

能力目标：

1. 会安装、运行 Python。
2. 掌握数据科学中常用的函数及模块，能在 Python 程序调用相关函数。
3. 会编写 Python 程序。

课程思政： 通过本章学习，培养严谨编程思维和规范代码书写习惯，这是技术规范，也是对工作的负责态度；积极学习借鉴他人成果，勇于分享经验知识，促进知识传播与共享，营造良好学术氛围。

在数据科学领域，面临需要从海量数据中挖掘有价值信息的核心挑战，数据挖掘工具尤为重要。Python 语言凭借简洁语法、丰富数据类型和强大功能库，成为数据收集整理、分析可视化、机器学习模型构建应用等各环节的得力工具。本章将深入探索 Python 相关概念与核心编程结构，掌握其在数据科学的应用技巧，为开启数据科学之旅奠基。

3.1 Python 语言概述

3.1.1 Python 简介

Python 是一种广泛应用的高级编程语言，其设计哲学是注重代码的可读性和简洁性，采用空格缩进来划分代码块，而非依赖大括号或特定关键词。这种设计降低了编写和维护代码的复杂性，使其成为编程初学者和专业开发者的理想选择。同时，Python 支持多种编程范式，包括面向对象、命令式、函数式和过程式编程，配备动态类型系统和自动内存管理功能，进一步简化了编程过程。

Python 自发布以来，其在简洁性与功能性之间保持平衡。这一特点源于其作为 ABC 语言继承者的设计理念，延续至今，依然以优雅的语法和灵活的应用广受开发者的青睐。

3.1.2 Python 的发展历程

1. 初始阶段（1989—2000 年）

Python 设计始于 1989 年，由荷兰程序员 Guido van Rossum 构思并开发。1994 年 1 月，Python 1.0 正式发布，引入了内存管理和垃圾回收机制，支持类、函数、异常处理等语言特性，并提供了列表和字典等基础数据类型。2000 年 10 月，Python 2.0 发布，在继承原有功能的基础上，增加了完整的垃圾回收功能和 Unicode 支持，为后续版本的开发奠定了技术基础。

2. 成熟阶段（2000—2020 年）

2000 年至 2020 年间，Python 2.X 系列不断迭代完善，发布了多个重要版本。2004 年推出的 Python 2.4 增强了语言的功能与稳定性。2010 年发布的 Python 2.7 是 2.X 系列的最终版本，为这一阶段画上句号。

3. Python 3.0 的诞生与发展（2008 年至今）

2008 年 12 月，Python 3.0 正式发布。新版本对语法和标准库进行了全面改进，解决了 Python 2.X 中如整数处理不一致等问题。然而，Python 3.X 与 Python 2.X 的语法和库差异较大，导致社区用户的迁移过程较为缓慢。2020 年 1 月，Python 官方宣布停止对 Python 2.X 的支持，这标志着 Python 2.X 的正式终结。自此，Python 3.X 系列成为 Python 的主流版本。

3.1.3 Python 的安装与运行

对于给定的计算机，首先需要确认系统中是否安装了 Python。为此，可通过以下方式来确认：在"开始"菜单中搜索"cmd"并按回车，在打开的命令窗口中，输入 python（全部小写）并按回车。如果系统已安装了 Python，将看到 Python 提示符（>>>）。如果系统提示 Python 是无法识别的命令，则说明需要下载并安装 Python。

1. 安装 Python 解释器

到 Python 官网下载 Python 程序后，运行安装程序，并确保在安装过程中选中"Add Python［版本号］to PATH"选项（如图 3-1 所示），这将有助于更轻松地配置系统环境。

图 3-1　Python 安装界面

2. 在终端会话中运行 Python

Python 安装完成后，可再次打开一个命令窗口，并在其中输入"python"来启动 Python 终端会话。此时，将看到 Python 提示符（>>>），这表明 Windows 已成功找到安装的 Python 版本（如图 3-2 所示）。

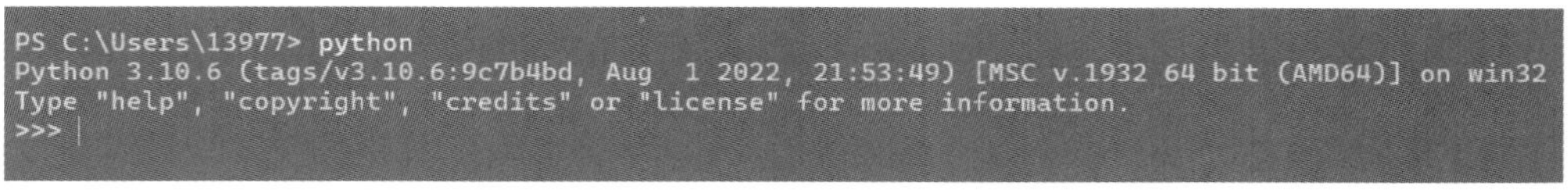

```
PS C:\Users\13977> python
Python 3.10.6 (tags/v3.10.6:9c7b4bd, Aug  1 2022, 21:53:49) [MSC v.1932 64 bit (AMD64)] on win32
Type "help", "copyright", "credits" or "license" for more information.
>>>
```

图 3-2　Python 版本验证界面

现在，在 Python 会话中输入 print("Hello World")命令，并确认屏幕上输出以下内容（如图 3-3 所示）。

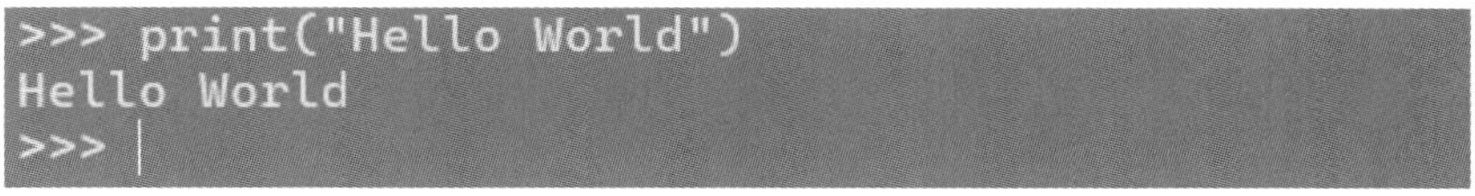

```
>>> print("Hello World")
Hello World
>>>
```

图 3-3　Python 验证界面

当需要运行 Python 代码片段时，只需打开一个命令窗口并启动 Python 终端会话即可。要关闭该终端会话，可以按[Ctrl+Z]键后再按回车，或者执行 exit()命令。

3.1.4　编写 Python 程序

1. 安装 Visual Studio Code

安装 Python 后，即可开始 Python 编程。然而，直接在终端上运行代码并不是最高效的方式。为了提高开发效率和代码管理能力，建议使用集成开发环境（IDE），如 PyCharm、IDLE 等编程环境。现以使用 Visual Studio Code（VS Code）为示例进行介绍。

首先，需要访问 Visual Studio Code 官网来下载并安装 VS Code，再打开 VS Code（如图 3-4 所示）。

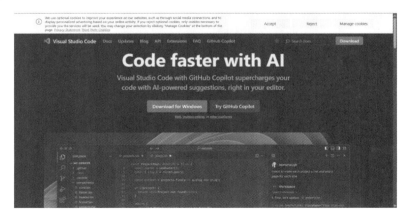

图 3-4　VS Code 下载页面

2. 安装 Python 扩展

如要在 VS code 进行 Python 编程，需安装有关的 Python 扩展。因此首先打开 VS Code，然后启动 VS Code，并打开一个文件夹作为工作区。

安装 Python 扩展：在 VS Code 的左侧活动栏中，点击扩展图标（通常是一个四方形的图标）。在搜索框中输入"Python"，然后找到由 Microsoft 提供的 Python 扩展并点击"安装"。这样 Python 扩展便安装完成，如图 3-5 所示。

图 3-5　Python 扩展下载界面

3. 配置 Python 解释器

安装完 Python 扩展后，即可使用先前安装的 Python 解释器，并在 VS Code 中需要进行有关的 Python 解释器的配置，以便确定有关的 Python 版本。其过程如下。

在 VS Code 中，按下 [Ctrl＋Shift＋P] 键打开命令面板，输入"Python：Select Interpreter"，然后从列表中选择安装的 Python 解释器。还可以通过编辑 VS Code 的 settings. json 文件来配置 Python 环境。在 VS Code 中打开"设置"，然后点击右上角的"{}"图标以打开 settings. json 文件。在 settings. json 文件中，可以添加与 Python 相关的配置，例如：

```
{
"python. pythonPath"："C:\path\to\your\python. exe"，// Python 解释器的路径
"python. linting. flake8Enabled"：true，// 启用 flake8 代码检查
"python. formatting. provider"："yapf"，// 启用 yapf 代码格式化
// 其他 Python 相关配置...
}
```

4. 创建和运行 Python 文件

接下来可以创建和运行 Python 文件，步骤如下。

（1）创建文件：在 VS Code 的工作区中，右键点击文件夹，选择"新建文件"，然后输入文件名（以. py 结尾）。

（2）编写代码：在新建的 Python 文件中编写代码。

（3）运行 Python 代码：右键点击代码编辑器中的文件标签，选择"在终端中运行 Python 文件"，或者按下［Ctrl＋F5］键来运行代码。

5. 调试 Python 代码

VS Code 还可以对编写的 Python 代码进行调试，步骤如下：

在 VS Code 中，点击左侧活动栏中的调试图标来配置调试环境。点击"创建 launch.json 文件"，然后选择"Python File"作为调试配置。需要说明的是，下面是一个简单的 Python 程序，打印结果为"Hello，World！"。

```
# 这是一个简单的 Python 程序
print("Hello，World！")
```

在 launch.json 文件中，可以配置调试选项，如断点、启动参数等。如果成功输出"Hello，World！"，则表示运行成功（图 3 - 6 所示）。

图 3 - 6　代码运行界面

6. 其他注意事项

为了管理不同项目的依赖关系，建议使用虚拟环境。VS Code 提供了强大的自动补全和提示功能，这有助于更快地编写代码并减少错误。还有其他更多的便捷性操作，等待你的探索！

3.2　Python 的编程基础

常量、变量和基本数据类型等基础要素为数据的存储、操作和管理提供了重要支持。本小节将对这些内容进行系统介绍。

3.2.1 常量和变量

常量和变量是用于存储数据的标识符。变量是可以改变其值的标识符，而常量赋值后标识符不会改变。

1. 常量

常量是指在程序运行过程中值不会发生变化的量。在 Python 中，虽然没有专门的常量关键字，但可以通过以下方式来定义和使用常量。

1）命名约定

通常使用全部大写字母来表示常量，这是一种约定而不是强制规则。示例如下，其为在 constants.py 文件中定义了常量。

```
# constants.py
PI=3.14159
GRAVITY=9.81
MAX_CONNECTIONS=100
```

2）使用模块级别的变量

可以将常量定义在模块的顶部，方便在整个模块中使用。示例如下。

```
# config.py
DATABASE_URL="sqlite：///example.db"
API_KEY="your_api_key_here"
# main.py
import config
print(config.DATABASE_URL)   # 输出：sqlite：///example.db
print(config.API_KEY)   # 输出：your_api_key_here
```

此例中，在 config.py 文件中定义了一些配置常量，并在 main.py 文件中导入并使用这些常量。

3）第三方库或自定义类

虽然 Python 没有内置的常量关键字，但可以通过第三方库或自定义类来实现类似的功能。示例如下。

```
class Constants：
    PI=3.14159
    GRAVITY=9.81
    MAX_CONNECTIONS=100
# main.py
from constants import Constants
print(Constants.PI)   # 输出：3.14159
print(Constants.GRAVITY)   # 输出：9.81
print(Constants.MAX_CONNECTIONS)   # 输出：100
```

此例中，定义了一个 Constants 类，并在类中定义了一些常量。通过类属性的方式来访问这些常量，可以避免直接修改常量的值。

需要说明的是，Python 中没有严格的常量机制，上述方法可以有效地模拟常量的行为。为了保持代码的清晰和可维护性，建议遵循三点：命名约定，即使用全部大写字母来表示常量；文档注释，即在常量定义处添加注释，说明其用途；避免修改，即在代码中尽量避免修改常量的值，以保持其不变性。

2. 变量

在 Python 编程中，变量是构建程序逻辑不可或缺的基本元素。变量提供了一种方式来存储和处理数据。无论是简单的数字、文本字符串，还是复杂的数据结构，变量都能帮助人们有效地管理和操作这些信息。

1）变量的命名规范

变量本身并不直接存储数据，而是存储数据的内存地址的引用。当对变量进行赋值时，内存会分配一个空间来存储这个值，并将这个空间的地址与变量名关联起来。变量名命名只能包含字母、数字和下画线，且不能以数字开头。此外，不能是 Python 的关键字，如 if、else、for 等。应当注意，变量命名应区分大小写，如 myVar 和 myvar 是两个不同的变量。

2）避免命名错误

使用变量时，命名规范至关重要。不规范的命名可能导致代码可读性下降，避免变量命名错误的常见实践方法有遵循命名规范、使用有意义的名字、避免使用保留字、避免与内置函数或模块名冲突、使用描述性前缀或后缀、注意作用域等。

3）变量的基本使用

考虑避免重复代码、提高代码的可读性，支持复杂的数据操作等因素，Python 语言中需要变量。现介绍 Python 变量使用的具体例子，这将帮助读者更好地理解变量的概念。

（1）基本变量使用。

定义一个名为 age 的变量，并为其赋初始值 25。再通过 print( ) 函数输出该变量的值。接着，将 age 的值更新为 26，并再次输出，代码如下。

```python
# 定义一个变量并赋值
age = 25

# 使用变量
print("My age is", age)

# 更新变量的值
age = 26

# 再次使用变量
print("Now, my age is", age)
```

此例演示了变量在数据存储和更新过程中的作用。

（2）变量在计算中的使用。

定义变量 a 和 b，分别赋值为 5 和 3。再对这两个变量进行加法运算，并将结果存储到变量 sum 中。最后，通过 print ( ) 函数输出计算结果，代码如下。

```
# 定义变量
a=5
b=3

# 使用变量进行计算
sum=a + b

# 输出结果
print("The sum of a and b is", sum)
```

此例说明了变量在数据存储和运算中的应用。

（3）变量在循环中的使用。

定义一个名为 fruits 的列表，其中包含若干水果名称。再通过 for 循环遍历该列表，在每次迭代中将当前元素赋值给变量 fruit。在循环体内，使用 print（）函数输出变量 fruit 值，代码如下。

```
# 定义一个列表
fruits=["apple", "banana", "cherry"]

# 使用 for 循环遍历列表
for fruit in fruits:
# 在循环体内使用变量
    print("I like eating", fruit)
```

此例说明了变量在循环中用于存储和引用数据的功能。通过使用变量，代码变得更加简洁、易读和易于维护，同时也能支持更复杂的数据操作。

3.2.2　基本数据类型

Python 语言中数据类型丰富多样，涵盖了从简单的数字到复杂的自定义对象，为开发者提供了极大的灵活性和便利性。现将逐一介绍基础数据类型。

1. 数字类型

数字类型是进行计算、逻辑判断以及数据处理的基础。数字类型不仅包括常见的整数和浮点数，还引入了复数，以满足不同场景下的需求。接下来，将深入探讨 Python 中的数字类型。

1）整数

整数可以是正数、负数或零。由于 Python 使用了任意精度的整数表示法，可以表示较大的数字。示例如下。

```
# 整数示例
a=10 # 正整数
b=-5 # 负整数
c=0 # 零
```

```
# 整数运算
sum_result＝a ＋ b   # 5
diff_result＝a － b   # 15
prod_result＝a * b   # －50
div_result＝a // b   # 整除，－2(注意这里是整除，结果为整数)
mod_result＝a % b   # 取余，0

print(f"Sum：{sum_result}, Difference：{diff_result}, Product：{prod_result}, Integer Division：
{div_result}, Modulus：{mod_result}")
```

2）浮点数

浮点数在多数编程语言中均被采用，强调小数点可以出现在数字的任意位置。在 Python 中采用 IEEE 二进制浮点数算术标准(IEEE 754)双精度浮点数标准进行存储和运算。示例如下。

```
# 浮点数示例
x＝3.14   # 圆周率近似值
y＝－0.001   # 一个小负数
z＝2.5e2   # 科学记数法表示 250.0

# 浮点数运算
sum_float＝x ＋ y   # 3.1399999999999995(注意浮点数精度问题)
prod_float＝x * z   # 785.0
div_float＝x / y   # －3140.0

print(f"Sum：{sum_float}, Product：{prod_float}, Division：{div_float}")
```

注意：浮点数运算可能会受到计算机内部表示法的限制，导致精度问题。例如，上面的 sum_float 结果并不是精确的 3.14。

3）复数

Python 中的复数可以通过多种方式定义和表示。最常见的方式是直接赋值，使用 j 或 J 表示虚部。此外，还可以使用 complex() 函数来创建复数。复数对象有两个主要的属性：real 和 imag，分别表示复数的实部和虚部。复数支持常见的算术运算，如加法、减法、乘法和除法。示例如下。

```
# 定义复数
a＝3 ＋ 4j
b＝1.5 － 2.5j
# 使用 complex() 函数定义复数
c＝complex(3, 4)   # 实部为 3，虚部为 4
d＝complex(1.5, －2.5)   # 实部为 1.5，虚部为 －2.5
# 属性
print("实部：", a.real)   # 输出：实部：3.0
print("虚部：", a.imag)   # 输出：虚部：4.0
```

2. 序列类型

序列类型是用于存储和操作有序数据的重要数据结构。序列类型常用的有列表、元组等，它们在编程中广泛用于存储和处理一系列相关数据。序列类型不仅提供了丰富的内置方法，还支持索引、切片和迭代等操作，使得数据管理和操作变得简单高效。接下来，从列表开始，将详细介绍序列类型，掌握定义、表示方法以及常用操作。

1）列表

列表是用于存储一系列有序项目的数据结构。这些项目可以是数字、字符串、其他列表（形成嵌套列表）等，且列表中的项目类型可以不同。列表是可变的，意味着在创建后，可以添加、删除或更改列表中的元素。

（1）初始化列表。

初始化列表意味着创建列表并为其赋值，创建列表常见方法如下。

使用方括号方法，这是最直接和常见的方法，通过方括号[]包含一系列用逗号分隔的元素来创建列表。示例如下。

```
my_list=[1, 2, 3, 4, 5]
fruits=["apple", "banana", "cherry"]
mixed_list=[1, "two", 3.0, [4, 5]]
```

使用 list() 函数可以将其他可迭代对象（如字符串、元组、集合、字典的键或值等）转换为列表。示例如下。

```
# 从字符串创建列表
string_list=list("hello")    # ['h', 'e', 'l', 'l', 'o']

# 从元组创建列表
tuple_list=list((1, 2, 3))    # [1, 2, 3]

# 从范围对象创建列表
range_list=list(range(5))    # [0, 1, 2, 3, 4]
```

总之，列表最常用的创建方式有使用方括号或 list() 函数，此外，还可以通过列表推导式、* 操作符等方法实现特殊的列表创建。

（2）访问列表元素。

可通过索引（即位置编号）来访问列表中的元素。索引从 0 开始，因此列表中的第一个元素索引为 0，第二个元素索引为 1，以此类推。要访问列表中的元素，只需使用列表名加上方括号和索引号即可。示例如下。

```
# 访问列表中的元素
print(my_list[0])    # 输出：1
print(fruits[1])    # 输出：banana
print(mixed_list[3][0])    # 访问嵌套列表的第一个元素，输出：4
```

（3）列表的增删改查。

由于列表的增删改查方法较多，以下仅介绍几种常用方法。

① 列表的增操作。

append()用于在列表的末尾添加一个新的元素，操作方法如下。

```
my_list＝[1, 2, 3]
my_list.append(4)    ＃ 现在 my_list 变为 [1, 2, 3, 4]
```

insert()用于在列表的指定位置插入一个新的元素。需要提供两个参数：索引（位置）和要插入的元素，操作方法如下。

```
my_list＝[1, 2, 4]
my_list.insert(2, 3)    ＃ 在索引 2 的位置插入 3，现在 my_list 变为 [1, 2, 3, 4]
```

extend()方法用于将另一个列表中的所有元素添加到当前列表的末尾。注意，extend()方法是将另一个列表的元素逐个添加到当前列表中，而不是将整个列表作为一个元素添加，操作方法如下。

```
my_list＝[1, 2, 3]
another_list＝[4, 5, 6]
my_list.extend(another_list)    ＃ 现在 my_list 变为 [1, 2, 3, 4, 5, 6]
```

② 列表的删操作。

pop()用于删除列表中的最后一个元素（默认情况下），并返回该元素。同时，也可以提供一个索引来删除指定位置的元素，操作方法如下。

```
my_list＝[1, 2, 3, 4, 5]
removed_element＝my_list.pop()    ＃ 删除最后一个元素，返回 5，my_list 变为 [1, 2, 3, 4]

＃ 或者删除指定位置的元素
removed_element_at_index＝my_list.pop(1)  ＃ 删除索引为 1 的元素，返回 2，my_list 变为[1,3,4]
```

除了 pop()方法外，列表还有其他删除相关操作。remove()方法用于删除列表中首个匹配指定值的元素，若列表中不存在该元素，会引发 ValueError 异常；del 语句则是通过索引来指定要删除的元素；clear()方法更为直接，可将列表中的所有元素清空，使其变为空列表。

③ 列表的改操作。

常见的修改列表元素的方法有直接赋值、切片赋值等。

直接赋值通过索引直接访问并修改列表中的元素，操作方法如下。

```
my_list＝[1, 2, 3, 4, 5]
my_list[2]＝10    ＃ 将索引为 2 的元素修改为 10，my_list 变为[1, 2, 10, 4, 5]
```

切片赋值不仅可以用于删除元素（如之前所述），还可以用于替换列表中的一段元素，操作方法如下。

```
my_list＝[1, 2, 3, 4, 5]
my_list[1：3]＝[7, 8]    ＃ 将索引 1 到 2 的元素替换为 7 和 8，my_list 变为[1, 7, 8, 4, 5]
```

使用循环是原地修改列表元素的直接方法。这种方法是在原地修改列表，不创建新的列表对象，操作方法如下。

```
my_list=[1, 2, 3, 4, 5]
for i in range(len(my_list)):
    my_list[i]=my_list[i] * 2    # 将每个元素乘以 2
# my_list 变为[2, 4, 6, 8, 10]
```

修改列表元素最常见和直接的方法是使用索引直接赋值或循环。列表推导式和 map()函数通常用于创建新列表,而不是在原地修改列表。如果需要在原地修改列表,请确保操作不会意外地创建新的列表对象。

④ 列表的查操作。

查找列表中的元素可以通过多种方法实现,以下是常见的查找列表元素的方法。

in 关键字用于检查某个元素是否存在于列表中,操作方法如下。

```
my_list=[1, 2, 3, 4, 5]
if 3 in my_list:
    print("3 存在于列表中")
else:
    print("3 不存在于列表中")
# 如 my_list 可以看出该列表中有 3 这个数字,因此会输出"3 存在于列表中"
```

除了用 in 关键字判断元素是否在列表中外,查找列表元素还可用 index()方法和循环遍历。index()能返回列表中首个匹配指定值元素的索引,若元素不存在则引发 ValueError 异常。而循环遍历列表,可借助 enumerate()函数同时获取元素的索引和值,在需要找到所有匹配元素或进行更复杂检查时,这种方式很实用。

(4) 遍历列表。

遍历列表,即逐一访问列表中的元素并对其执行特定操作,通常依赖于 for 循环来实现。列表 for 循环遍历操作后,逐一打印出列表 fruits 中的水果名称,代码如下。

```
fruits=["apple", "banana", "cherry"]
for fruit in fruits:
    print(fruit)
# 最终会输出 apple、banana、cherry
```

除了简单的打印操作,还可以在 for 循环中执行更高级的任务。例如,计算列表中每个元素的平方,并将结果存储在新的列表 squares 中,代码如下。

```
numbers=[1, 2, 3, 4]
squares=[]
for number in numbers:
    square=number * * 2
    squares. append(square)
print(squares)
# 输出 1, 4, 9, 16
```

(5) 列表的长度。

要确定列表的长度(即列表中元素的数量),可以使用内置的 len()函数。示例如下。

```
numbers=[1, 2, 3, 4, 5]
print(len(numbers))  # 输出：5
```

2）元组

元组是一种核心数据结构，其本质上是一个不可变的序列，这意味着一旦元组被创建，其内部存储的元素就无法被更改、增添或移除。在实际应用中，元组经常被用来表示固定长度的记录，或是作为函数的返回值，以一次性地返回多个值。

（1）定义元组。

元组的定义非常简洁，只需使用一对圆括号"（）"，并在其中列出各元素（元素之间以"，"分隔），即可创建一个元组。需要注意的是，当元组仅包含一个元素时，必须在该元素后添加一个"，"，以区分元组和普通的圆括号表达式。而空元组则通过一对不包含任何元素的"（）"来定义。示例如下。

```
# 创建一个包含多个元素的元组
multi_element_tuple=(1, 2, 3, 4, 5)

# 创建一个仅含有一个元素的元组，注意逗号的使用
single_element_tuple=(5, )

# 创建一个空元组
empty_tuple=()
```

（2）遍历元组。

当需要访问元组中的每一个元素时，可以使用 for 循环来轻松实现。这种遍历方式不仅简单直观，而且能够高效地处理元组中的数据。示例如下。

```
# 定义一个元组
my_tuple=(1, 2, 3, 4, 5)

# 使用 for 循环遍历元组中的所有元素
for value in my_tuple：
    print(value)
# 输出结果为 12345
```

执行上述代码后，读者会在控制台中看到元组中的每一个元素都被逐一打印出来。

（3）修改元组。

尽管元组内的元素是不可更改的，但元组变量本身（即指向元组的引用）却是可以被重新赋值的。修改元组变量并不是在修改元组的内容，而是在改变变量所指向的元组对象。示例如下。

```
# 创建一个元组
my_tuple=(1, 2, 3)

# 打印原始元组
```

```
print(my_tuple)    # 输出结果为(1,2,3)

# 重新为元组变量赋值,使其指向一个新的元组
my_tuple=(4,5,6)

# 打印新的元组
print(my_tuple)    # 输出结果为(4,5,6)
```

需要注意的是,虽然 my_tuple 变量现在指向了一个新的元组(4,5,6),但原始的元组(1,2,3)仍然存在于内存中(至少在垃圾回收机制将其回收之前)。只是 my_tuple 变量不再指向它而已。

元组和列表是 Python 中的两种基本数据结构,它们在多个方面存在显著差异。具体的对比表如表 3-1 所示。

表 3-1   元组和列表差异对照表

对比项	元组	列表
可变性	不可变	可变
定义语法	使用圆括号(),仅含一个元素时需加逗号	使用方括号[]
性能	相对较轻,处理大量数据时性能更好	相对较重,但是提供了更多的灵活性
用途	常用于表示不应改变的数据集,如作为字典键或函数返回值	适用于需要频繁修改的数据
内置方法	主要用于查询元素信息,方法较少	提供更多内置的方法来修饰内容
适用场景	需要的数据具有不变性	需要的数据可变

3)切片

切片允许访问、修改或删除列表、元组、字符串等序列类型中的一部分元素。切片操作使用冒号":"来指定序列的开始和结束位置,以及步长。

(1)基本语法。

切片的基本语法为:

```
sequence[start:stop:step]
```

start:切片的起始索引(包含)。如果省略,则默认为序列的开始(索引 0)。

stop:切片的结束索引(不包含)。如果省略,则默认为序列的结束(最后一个元素的索引加 1)。

step:步长,即选择元素的间隔。如果省略,则默认为 1,表示选择相邻的元素。

(2)切片示例。

给定列表为:

```
my_list=[0,1,2,3,4,5,6,7,8,9]
```

获取子列表：

```
# 获取前三个元素（索引 0 到 2，包含 0，不包含 3）
sub_list = my_list[:3]    # [0, 1, 2]

# 获取从索引 4 到最后的元素（包含索引 4）
sub_list = my_list[4:]    # [4, 5, 6, 7, 8, 9]

# 获取整个列表（复制）
sub_list = my_list[:]    # [0, 1, 2, 3, 4, 5, 6, 7, 8, 9]

# 获取每隔一个元素的子列表（步长为 2）
sub_list = my_list[::2]    # [0, 2, 4, 6, 8]
```

修改或删除子列表时，均会修改原列表。示例如下。

```
# 将索引 1 到 4（不包含 4）的元素设置为[10, 20, 30]
my_list[1:4] = [10, 20, 30]
# my_list 现在变为 [0, 10, 20, 30, 4, 5, 6, 7, 8, 9]
# 删除索引 2 到 5（不包含 5）的元素
my_list[2:5] = []
# my_list 现在变为 [0, 10, 5, 6, 7, 8, 9]
```

需要注意的是，切片操作返回的是原序列的一个子序列，它不会修改原序（除非将切片赋值回原序列的某个部分）。切片操作的时间复杂度是 O(k)，其中 k 是切片的长度。

3．映射类型

字典是 Python 中唯一的映射类型，用于表示键值对的集合，以唯一的键标识每个值，在处理如用户个人信息、商品库存信息等具有唯一标识的数据时极为有用。虽然 Python 3.7 及以后版本可保持字典的插入顺序，但概念上它仍被视为无序集合。凭借键可快速访问对应值，这种高效的数据存取方式让字典在存储和管理键值对数据时展现出强大的灵活性。因此，当需要以键值对形式组织带有唯一标识符的数据时，字典是理想选择，下面将介绍其主要操作。

1）字典的创建

字典是一种非常强大且灵活的数据结构，它允许存储键值对。键值对之间的关系使得可以通过键来快速查找、访问或修改对应的值。创建字典的方法有多种，每种方法都有其独特的优势和适用场景。

直接创建是创建字典最直观和常用的方法。只需在花括号{}内指定一系列的键值对，每个键值对之间用逗号分隔，键和值之间用冒号分隔。示例如下。

```
my_dict = {'apple': 1, 'banana': 2, 'cherry': 3}
```

这种方法简单明了，适用于已知键值对的情况。此外，也能通过 dict() 函数和元组列表创建字典。dict() 函数提供了一种更灵活的方式来创建字典。它不仅可以创建一个空字典，还可以通过传入可迭代对象（如列表、元组等，其中每个元素都是一个键值对）来创建字典。这两种创建方法如下。

```
empty_dict = dict()
items = [('apple', 1), ('banana', 2), ('cherry', 3)]
my_dict = dict(items)
```

2）字典的操作

现介绍字典的增、删、改、查等 4 种基本操作。

（1）字典增操作。

新的键值对和 update()方法是字典的增操作。增加新的键值对是一个直观且简单的操作。只需要指定一个尚未存在于字典中的键，并为其分配一个值。update()方法接受另一个字典或可迭代对象（如元组列表）作为参数，并将其内容合并到当前字典中。示例如下。

```
# 增加新的键值对
my_dict = {}
my_dict['new_key'] = 'new_value'
```

```
# 使用另一个字典更新
other_dict = {'key1': 'value1', 'key2': 'value2'}
my_dict.update(other_dict)
```

```
# 使用可迭代对象更新
iterable = [('key3', 'value3'), ('key4', 'value4')]
my_dict.update(iterable)
```

（2）字典删操作。

del 语句和 pop()方法是字典的删操作。前者是一种直接且强大的删除工具，它可以根据键来删除字典中的对应项。后者提供了一种更安全的删除方式，它会在删除键值对的同时返回被删除的值。

（3）字典改操作。

直接修改值和使用字典推导式或循环批量修改是字典的改操作。前者通过为现有键分配一个新值，可以直接修改字典中的值。如果需要批量修改字典中的值，可以使用后者的键值对。这通常涉及根据现有值计算新值，并将结果存储回字典中。

（4）字典查操作。

使用键直接访问和 get()方法安全访问字典的查操作。前者通过键来直接访问字典中的值是最常用的查询方式。若键存在，则返回对应的值；若键不存在，则抛出 KeyError 异常。后者提供了一种更安全的访问方式。若键存在，则返回对应的值；若键不存在，则返回 None 或指定的默认值。

3）遍历字典

在处理字典时，经常需要遍历其内容，以便进行进一步的数据处理或分析。

（1）遍历字典中的所有键值对。

遍历字典中的所有键值对是最常见的操作之一。可以使用 for 循环结合字典的.items()方法来实现这一点。.items()方法返回一个包含字典中所有键值对的视图对象,这些键值对以元组的形式存在。在循环中,可以同时获取键和值,并对它们进行所需的操作。示例如下。

```
# 示例字典
my_dict = {'apple': 1, 'banana': 2, 'cherry': 3}

# 遍历所有键值对
for key, value in my_dict.items():
print(f'The key is {key} and the value is {value}.')
```

这段代码将输出字典 my_dict 中的所有键值对。

(2) 遍历字典中的所有键。

有时,可能只需要遍历字典中的键,而不需要关心与它们相关联的值。在这种情况下,可以使用.keys()方法。这个方法返回一个包含字典中所有键的视图对象。在循环中,可以逐个获取键,并对它们进行所需的操作。示例如下。

```
# 遍历所有键
for key in my_dict.keys():
    print(f'The key is {key}.')
```

这段代码将输出字典 my_dict 中的所有键。

(3) 遍历字典中的所有值。

有时,可能只需要遍历字典中的值,而不需要关心与它们相关联的键。在这种情况下,可以使用.values()方法。这个方法返回一个包含字典中所有值的视图对象。在循环中,可以逐个获取值,并对它们进行所需的操作。示例如下。

```
# 遍历所有值
for value in my_dict.values():
    print(f'The value is {value}.')
```

这段代码将输出字典 my_dict 中的所有值。

4. 集合类型

在 Python 编程语言中,集合用于存储唯一且无序的元素。这些元素可以是整数、浮点数、字符串或其他不可变类型(如元组),但不能包含列表或字典等可变类型。集合中的元素没有特定的顺序,且每个元素都是唯一的,不允许有重复值。

1) 集合的创建

创建集合可以使用大括号{}来定义一个集合,或者使用 set()函数来将其他可迭代对象(如列表、元组等)转换为集合。需要注意的是,空集合必须使用 set()函数来创建,因为直接使用{}会创建一个空字典,具体方法如下。

```
# 使用大括号创建集合
my_set = {1, 2, 3, 4}
# 使用 set()函数创建集合
another_set = set([1, 2, 3, 4])
```

```
# 创建空集合
empty_set＝set()
```

2）集合的增、删操作

集合的增操作可以使用 add()方法向集合中添加一个元素，或者使用 update()方法向集合中添加多个元素，例如，列表、元组、集合等。

集合的删操作可以使用 remove()方法或者使用 discard()方法删除指定的元素。另外，还可以使用 pop()方法随机删除并返回一个元素，或者使用 clear()方法清空整个集合。

3）集合的改操作

实际上，集合并不支持直接修改元素的操作，因为集合中的元素是唯一的，且集合是无序的。如果想要"修改"集合中的某个元素，通常的做法是先删除该元素，然后再添加一个新的元素。然而，这种操作并不符合集合的本质特性，因为集合的主要用途是存储不重复的元素，而不是对元素进行索引或修改。

4）集合的查操作

集合的查操作可以查询集合中的元素是否存在集合中，可以使用 in 关键字来检查某个元素是否存在于集合中。另外，还可以使用集合的迭代功能来遍历集合中的所有元素。

5）遍历集合

要如何才能访问集合呢？由于集合是无序的，不能通过索引来访问集合中的元素。但是，可以使用循环来遍历集合中的所有元素。Python 提供了多种遍历集合的方法，其中最常用的是使用 for 循环。示例如下。

```
# 定义一个集合
my_set＝{1, 2, 3, 4, 5}
# 使用 for 循环遍历集合
for element in my_set：
    print(element)
```

以上代码中运用 for 循环依次遍历集合 my_set 中的每个元素，并将其赋值给变量 element，然后执行循环体内的代码。由于集合是无序的，因此每次遍历的顺序可能会不同。

5. 字符串类型

字符串类型是处理和表示文本数据的基石。无论是用户输入的指令、程序输出的信息，还是存储在文件中的文本内容，都离不开字符串的参与。字符串不仅支持丰富的操作方法，还具备高度的灵活性和易用性。接下来，介绍字符串的创建方式，这是使用字符串的第一步。

字符串的创建通常使用单引号（'）、双引号（"）或三重引号（'''或"""）来创建。单引号和双引号的作用是相同的，而三重引号则用于创建多行字符串。示例如下。

```
str1＝'Hello, World!' # 单引号
str2＝"Hello, World!" # 双引号
```

```
str3="""Hello,
World!"""    # 三重引号，多行字符串
```

字符串的基本操作主要包括字符串拼接、字符串索引、字符串长度以及字符串切片。字符串拼接可以使用"＋"运算符将两个字符串连接起来，也可以使用.join()方法连接一个字符串列表或可迭代对象中的所有字符串。字符串中的每个字符都有一个索引，可以用来访问该字符。索引从 0 开始，表示字符串中的第一个字符。字符串长度使用 len()函数可以获取字符串的长度。字符串切片使用 start：stop：step 的形式，其中 start 表示起始索引，stop 表示结束索引（不包括该索引对应的字符），step 表示步长（默认为 1）。示例如下。

```
s="Hello, World!"
substring=s[0：5]    # 从索引 0 到索引 5（不包括 5）
print(substring)    # 输出：Hello
```

字符串是不可变的，不能直接修改字符串中的某个字符，但可以通过切片和拼接来达到类似的效果。在 Python 中，字符串提供了多种内置方法来处理和操作文本数据。这些方法包括查找子字符串、计算子字符串出现次数、替换子字符串、调整大小写、分割字符串、连接字符串、修剪字符串、判断字符串特性、填充和对齐字符串以及翻译和替换字符。这些方法使得字符串的处理变得简单高效，满足了各种文本处理的需求。

3.2.3　注释

在编程实践中，代码的可读性与可维护性极为关键，注释作为提升代码质量的关键要素，如同代码的"说明书"，不仅能够阐释代码的功能、逻辑以及特殊的实现细节，还能在后续的维护与升级中大幅节省时间和精力。

Python 中的注释主要包含单行注释与多行注释。单行注释以"＃"起始，常用于解释代码行功能等；多行注释通常推荐由多个单行注释构成，虽也能用三引号创建，但后者会占用内存。文档字符串是特殊多行注释，用于详细描述模块等，需置于定义首行且用三引号括起，也可用于临时注释。注释既能帮助理解复杂代码和算法，降低理解难度，提高编程效率，又能标记待办和待修复问题，保障代码质量。

此外，注释还能临时禁用代码，助力调试测试。编写优质注释需遵循简洁原则，清晰表达代码功能逻辑，及时与代码同步更新，聚焦于对复杂部分的说明，规避过度注释，以免影响代码的简洁性与可维护性。

3.3　程序控制结构

程序控制结构是用于控制程序执行流程的关键机制。这些结构使得程序可以根据不同的条件和逻辑来执行不同的代码块，从而实现更复杂和灵活的功能。通常情况下，在程序执行中会有三种控制流，分别为顺序结构、选择结构和循环结构，如图 3－7 所示。由于顺序结构简单，本节主要介绍选择结构和循环结构。

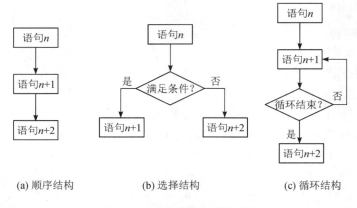

图 3 - 7　程序控制结构分类图

3.3.1　选择结构

在深入学习选择结构之前,理解什么是条件测试是非常重要的。条件测试是编程中不可或缺的一部分,它允许程序根据特定的条件来执行不同的代码路径。在 Python 中,条件测试通常使用 if 语句来实现,而判断条件则依赖于各种比较运算符和逻辑运算符。

1) 条件测试

条件测试也称为条件语句或逻辑判断,其允许程序根据特定条件执行不同的代码块。条件测试通过评估一个或多个条件来决定是否执行某段代码。假设有一个简单的程序,要求用户输入一个数字,并判断这个数字是奇数还是偶数,代码如下。

```
# 获取用户输入的数字
number=int(input("请输入一个数字:"))

# 使用条件测试来判断数字是奇数还是偶数
if number % 2==0:
    print(f"{number} 是偶数")
else:
    print(f"{number} 是奇数")
```

可见条件语句常用于进行测试判断,那该如何进行条件测试呢?

(1) 检查是否相等。

首先,在条件测试中,使用等于(==)运算符来检查两个值是否相等。如果相等,条件为真(True),否则为假(False)。如果 a 和 b 的值相同,则条件为真,执行 print 语句,代码如下。

```
a=5
b=5
if a==b:
    print("a 和 b 相等")
```

使用不等于(! =)运算符来检查两个值是否不相等。如果不相等,条件为真(True),

否则为假(False)。如果 a 和 b 的值不相同，则条件为真，执行 print 语句，代码如下。

```
x=10
y=20
if x！=y：
    print("x 和 y 不相等")
```

当处理字符串时，可以使用 lower()或 upper()方法将字符串转换为小写或大写，然后进行比较，以忽略大小写差异。注意：在处理字符串时，大小写可能会影响比较结果。

（2）数值比较。

除了等于(==)和不等于(！=)运算符之外，还可以使用大于(>)、小于(<)、大于等于(>=)和小于等于(<=)运算符进行数值比较。

（3）检查多个条件。

当然，也可以使用逻辑运算符"and""or"和"not"来组合多个条件。

（4）检查特定值是否在列表中。

可以使用 in 运算符来检查一个值是否存在于列表中，代码如下。

```
fruits=["apple","banana","cherry"]
if "banana" in fruits：
    print("列表中包含香蕉")
```

使用"in"运算符可以检查一个值是否存在于列表中。这个示例展示了如何检查字符串"banana"是否存在于列表 fruits 中。如果存在，则执行 print 语句。此外，可使用"not in"运算符来检查一个值是否不存在于列表中。

（5）布尔表达式。

布尔表达式是返回布尔值(True 或 False)的表达式，可用于条件测试中，并且可以组合使用以形成更复杂的逻辑判断。示例如下。

```
is_sunny=True
have_umbrella=False
should_take_umbrella=not is_sunny or have_umbrella
if should_take_umbrella：
    print("应该带伞")
```

2）if 语句

在编程中，if 语句扮演着至关重要的角色，是实现条件逻辑判断的基础。if 语句允许程序在特定条件成立时执行特定的代码段。一个简洁的 if 语句，通过单一的条件判断，就能控制程序的执行流程。例如，运用 if 语句检查变量 temperature 的值是否大于 25，代码如下。

```
temperature=30
if temperature > 25：
    print("当前天气状况为炎热")
```

上述代码中，若条件成立，即温度高于 25 度，程序就会执行 print 语句，输出"当前天气状况为炎热"。反之，程序会跳过 print 语句，继续执行后续的代码。

if 语句是最基本的条件语句，常见的条件语句有 if-else 语句、if-elif-else 语句等。

（1）if-else 语句。

if-else 语句为程序提供了更丰富的选择。当 if 条件不成立时，else 子句会确保有备选的代码段被执行。现举例说明"if-else 语句"。

```
score＝85
if score ＞＝90:
    print("你的成绩为优秀")
else:
    print("你的成绩为良好或其他等级")
```

此例中，程序首先会检查 score 的值是否大于或等于 90。如果条件成立，则输出"你的成绩为优秀"；如果条件不成立，则程序会转向 else 子句，输出"你的成绩为良好或其他等级"。

（2）if-elif-else 语句。

if-elif-else 语句为程序提供了多层次的条件判断，使得程序能够根据多个条件执行不同的代码段。现举例说明"if-elif-else 语句"。

```
grade＝'B'
if grade＝＝'A':
    print("你获得了 A 等成绩")
elif grade＝＝'B':
    print("你获得了 B 等成绩")
else:
    print("你获得了 C 等或更低的成绩")
```

此例中，程序会逐一检查 grade 的值是否与'A'、'B'相匹配。如果 grade 等于'A'，则输出 A 等成绩；如果等于'B'，则输出 B 等成绩；如果都不匹配，则执行 else 子句，输出 C 等或更低的成绩。进一步，如果添加多个 elif 子句，程序能够处理更多样化的条件判断。例如，程序会依次检查 choice 的值是否与'a'、'b'、'c'相匹配，并根据匹配结果执行相应的代码段。如果 choice 的值与这三个选项都不匹配，则执行 else 子句，代码如下。

```
choice＝'c'
if choice＝＝'a':
    print("你选择了 a 选项")
elif choice＝＝'b':
    print("你选择了 b 选项")
elif choice＝＝'c':
    print("你选择了 c 选项")
else:
    print("你选择了其他选项")
```

在某些情况下，可能并不需要为未满足的条件提供备选执行路径，因此，可以选择省略 else 子句。例如，如果 rain 的值为 True，程序会输出"请记得带伞"；但如果 rain 的值为 False，程序则不会执行任何操作，而是继续执行后续的代码，代码如下。

```
rain=False
if rain:
    print("请记得带伞")
# 没有 else 子句，如果 rain 为 False，则程序不会执行任何操作
```

前面已经介绍了 if 语句的基本用法，它可以用来根据单一条件来决定是否执行某个代码块。然而，在实际编程中，往往需要根据多个条件来做出决策。为了应对这种情况，可以使用逻辑运算符（如 and、or、not）来在单个 if 语句中测试多个条件。这些逻辑运算符组合多个条件测试，从而创建更复杂的条件判断逻辑。

3.3.2 循环结构

循环结构是构建程序逻辑的重要基石。Python 提供了两种主要的循环结构：for 循环和 while 循环。接下来，将探讨 Python 中的 for 和 while 循环机制。

1）for 循环

for 循环是 Python 中最常用的循环结构之一，其允许遍历序列中的元素，如列表、元组、字典、集合或字符串等，并对每个元素执行操作。简洁性、灵活性以及高效性均为此循环特点。例如，在如下代码中，创建了一个包含三种水果名称的列表 fruits，并使用 for 循环遍历列表中的每个元素，然后打印出它们的名称。

```
fruits=['apple', 'banana', 'cherry']
for fruit in fruits:
    print(fruit)
```

除了简单地遍历序列中的元素外，还可以在 for 循环中执行更多复杂的操作。例如，可以对序列中的元素进行计算、修改或存储到另一个数据结构中。例如，在如下代码中，创建了一个包含五个数字的列表 numbers，并使用 for 循环遍历列表中的每个元素。在循环体内，计算了每个数字的平方，并将其添加到新列表 squared_numbers 中。最后，打印出了新列表的内容。

```
numbers=[1, 2, 3, 4, 5]
squared_numbers=[]

for number in numbers:
    squared=number ** 2    # 计算每个数字的平方
    squared_numbers.append(squared)    # 将平方后的数字添加到新列表中

print(squared_numbers)    # 输出新列表
```

有时，需要在 for 循环结束后执行一些特定的操作。例如，一些情况下可能需要计算循环中处理的数据的总和、平均值或最大值等。为了实现这一目标，可以在循环外部编写相应的代码块。例如，在如下代码中，创建了一个包含五个数字的列表 numbers，并使用 for 循环遍历列表中的每个元素。在循环体内，累加了每个数字的值。在循环结束后，计算了累加值的平均值，并打印出了总和和平均值。

```
numbers=[1, 2, 3, 4, 5]
total=0

for number in numbers:
    total += number    # 累加每个数字

average=total /len(numbers)    # 计算平均值(在循环外部)
print("Total:", total)
print("Average:", average)
```

for 循环是 Python 中处理重复任务的重要工具。通过深入研究循环机制、在循环中执行更多操作以及在循环结束后执行特定操作等技巧,可以更加高效地编写和处理代码。

2) while 循环

在 Python 编程中,while 循环提供了一种基于条件的循环控制结构。只要指定的条件为真(True),循环体内的代码就会持续执行。这种循环机制在处理不确定循环次数但已知循环终止条件的情况时尤为有用。接下来,将对 while 循环及其相关技巧进行探讨。

while 循环的基本语法结构如下:

```
while 条件表达式:
    # 循环体:条件为真时重复执行的代码块
```

只要条件表达式的结果为真(True),循环体内的代码就会不断执行。当条件表达式的结果变为假(False)时,循环终止。例如,在如下代码中,定义了变量 count,并初始化为 0。使用 while 循环来打印 count 的值,并在每次循环结束时将 count 的值加 1。当 count 的值达到 5 时,循环条件不再满足,循环终止。

```
count=0
while count < 5:
    print("Count is:", count)
    count += 1
```

while 循环的一个常见应用场景是让用户能够选择何时退出循环。这通常通过读取用户的输入并检查其是否满足某个特定条件来实现。例如,在如下代码中,不断读取用户的输入,并将其转换为小写形式。只要用户的输入不是'quit',循环就会继续执行。

```
response=""
while response. lower() ! ='quit':
    response=input("Enter 'quit' to end the loop:")
```

有时,需要在循环内部设置一个标志来控制循环的终止。这可以通过定义一个布尔变量来实现,该变量在循环开始时被初始化为 True,然后在循环体内根据特定条件被修改。例如,在如下代码中,定义了标志变量 keep_going,并初始化为 True。然后,使用 while 循环来打印 count 的值,并在每次循环结束时将 count 的值加 1。当 count 的值达到 5 时,将 keep_going 设置为 False,从而终止循环。

```
keep_going＝True
count＝0
while keep_going：
    print("Count is：", count)
    count ＋＝1
    if count ＞＝5：
        keep_going＝False ♯ 当 count 达到 5 时，设置标志为 False 以终止循环
```

break 语句允许在循环内部立即终止循环，即使循环条件仍为真。这通常用于在满足某个特定条件时提前退出循环，示例如下。

```
count＝0
while True：♯ 无限循环，但会使用 break 语句提前退出
    print("Count is：", count)
    count＋＝1
    if count＞＝5：
        break ♯ 当 count 达到 5 时，使用 break 语句退出循环
```

在此示例中，构建了一个无限循环，并在循环体内运用 if 语句来监测变量 count 的值。一旦 count 达到 5，便利用 break 语句立即终止循环。

另一方面，continue 语句则能够在满足特定条件时，跳过当前循环的剩余部分，并直接启动下一次循环迭代，这常用于在特定条件下略过某些操作。示例如下。

```
for i in range(1, 6)：♯ 虽然这里用的是 for 循环，但 continue 同样适用于 while 循环
    if i % 2＝＝0：♯ 如果 i 是偶数
    continue ♯ 跳过当前循环的剩余部分
print(i) ♯ 只打印奇数
```

虽然上述示例采用了 for 循环，但 continue 语句在 while 循环中同样适用。在 while 循环的执行过程中，一旦遇到 continue 语句，将会跳过当前迭代中该语句之后的所有指令，并立即检查循环条件以判断是否进入下一次迭代。

无限循环是编程实践中一个常见的问题，其会导致程序无法正常终止，进而可能耗尽系统资源。为规避无限循环，程序员在编写代码时，必须确保循环条件在某种情形下能够转变为假（False），或者利用 break 语句实现提前退出循环。因此，在构建循环结构时，程序员应始终审慎考虑并设定明确的循环终止条件。同时，应合理运用 break 语句，在满足特定条件时及时中断循环。

3.4　函 数 与 模 块

在 Python 中，函数和模块是组织和重用代码的重要工具。它们不仅有助于提高代码的可读性和可维护性，还能促进代码的模块化设计，使程序结构更加清晰。下面介绍 Python 中的函数和模块。

3.4.1 函数

函数是封装了一段可重用代码的结构体。通过定义函数，可以为代码块命名，并在需要时通过函数调用来执行它。函数不仅提高了代码的可读性，还促进了代码的复用和模块化。

1. 定义函数

一个 Python 函数的基本结构包括 def 关键字、函数名、参数列表（可选）、冒号以及一个缩进的代码块（函数体）。函数体包含了执行特定任务的语句，而 return 语句（可选）用于返回函数的结果。

下面，来看一下函数的具体定义规范：

```
def 函数名(参数 1，参数 2，...)：
"""
函数文档字符串(docstring)：
描述函数的功能、参数和返回值。
"""
# 函数体：包含执行特定任务的代码
# 可以有任意数量的语句，包括条件语句、循环语句等
# 可以使用局部变量来存储临时数据
# 可以使用 return 语句返回结果(可选)
    return 结果  # 可选，返回函数执行的结果
```

函数名应简洁且能准确反映函数的功能。函数可以接受多个参数，每个参数在函数体内作为变量使用。参数是可选的，若函数不需要输入，则可以不定义参数。虽然文档字符串不是必需的，但编写文档字符串是良好的编程习惯，这有助于其他开发者（或未来的开发者）理解函数的功能、用法和返回值。

函数体包含执行特定任务的代码，代码块应通过缩进（通常为 4 个空格或一个制表符）进行标识。return 语句用于返回函数的结果。若函数没有返回值，则可以省略 return 语句，函数将隐式返回 None。示例如下。

```
def add_numbers(a, b):
"""
计算两个数的和。
参数：
a (int，float)：第一个数
b (int，float)：第二个数
返回：
int，float：两个数的和
"""
    result＝a ＋ b
    return result
# 示例使用
```

```
sum_result = add_numbers(3，5)
print(sum_result) # 输出：8
```

此例中，add_numbers 函数接受两个参数 a 和 b，计算两者之和，并通过 return 语句返回结果。当调用 add_numbers(3，5)时，函数返回 8，这个值被赋给变量 sum_result。

省略 return 语句的示例如下，其中函数未显示返回任何值，因此将隐式地返回 None。代码如下。

```
def print_greeting(name)：
"""

打印一个问候语，但不返回任何值。
参数：
name（str）：要问候的人的名字
返回：
None
"""

    print(f"Hello，{name}!")
# 示例使用
result = print_greeting("Alice")
print(result) # 输出：Hello，Alice! 和 None(因为函数隐式地返回了 None)
```

此示例中，print_greeting 函数接受一个参数 name，并打印包含该名字的问候语。由于函数体内没有 return 语句，因此函数执行完毕后将隐式返回 None。当调用 print_greeting("Alice")时，函数会打印出 "Hello，Alice!"。由于函数没有返回值，变量 result 将被赋值为 None。打印 result 时，输出将为 None。

2. 调用函数

调用函数是通过函数名和一对圆括号()实现的，圆括号内包含传递给函数的参数。在调用函数时，只需使用函数名并传递相应的参数。示例如下。

```
# 定义一个函数
def greet(name)：
"""

打印问候消息。
参数：
name（str）：被问候的人的名字。
返回：
None
"""

    print(f"Hello，{name}!")
# 调用函数
greet("Alice") # 输出：Hello，Alice!
```

调用函数时，使用函数名并传递所需的参数。若函数不需要输入参数，则调用时可省略括号内的内容。函数的参数可以是常量、变量或表达式的结果等。参数的值在函数调用时传递，并在函数体内使用。对于返回值处理，若函数有返回值，可以通过变量接收该返回值，并对其进行进一步操作。

3. 参数

函数的一个重要特性是能够接收参数，使其更加通用和灵活。参数分为实参和形参。接下来，将详细说明实参和形参的概念及其使用方法。

在调用函数时，传递给函数的实际值被称为实参。实参可以是常量、变量、表达式或任何可以产生值的 Python 对象。在定义函数时，在函数名后面的括号中指定的变量被称为形参。形参用于在函数体内部接收并处理传递给函数的实参。示例如下。

```
def add(a, b):
    return a + b


result=add(3, 5)  # 在这里，3 和 5 是实参，a 和 b 是形参
print(result)  # 输出：8
```

此例定义了 add 函数，它接受两个形参 a 和 b，并返回两者的和。当调用 add 函数并传递实参 3 和 5 时，这两个实参分别被赋值给形参 a 和 b，然后函数计算并返回了两者的和 8。

5. 函数返回值

函数不仅可以执行特定任务，还可以计算并返回一个或多个值给调用者，这些返回值可以是简单数据类型，如整数、浮点数、字符串等，也可以是复杂数据结构，如列表、元组、字典等。作为函数与外界交互的重要方式，返回值使得函数能够输出计算结果或状态信息。

函数可以返回任何类型的简单值。这些值可以是数字、字符串、布尔值等。返回简单值是函数最常见的用途之一，它允许函数计算并返回一个具体的值给调用者。现举例说明返回简单值的方法。add 函数接收两个数字作为参数，并返回它们的和。调用者可以通过变量 result 来接收这个返回值，并打印出来，代码如下。

```
def add(a, b):
    return a + b  # 返回两个数的和


result=add(3, 5)  # 调用函数并接收返回值
print(result)  # 输出：8
```

有时候，函数的一些参数在调用时可能并不需要提供具体的值。为了增加函数的灵活性，可以为这些参数提供默认值，从而使实参变成可选的。当调用者没有提供这些参数的值时，函数将使用默认值进行计算。示例如下。

```
def greet(name, greeting="Hello"):
    return greeting + "," + name + "!"  # 返回问候语


message=greet("Alice")  # 调用函数并接收返回值，未提供 greeting 参数
print(message)  # 输出：Hello, Alice!


message=greet("Alice", "Hi")  # 调用函数并接收返回值，提供了 greeting 参数
print(message)  # 输出：Hi, Alice!
```

上例中，greet 函数的 greeting 参数有一个默认值"Hello"。当调用者没有提供 greeting
参数的值时，函数将使用默认值并返回相应的问候语。

函数不仅可以返回简单值，还可以返回复杂数据结构，如字典。字典是一种键值对集
合，它允许存储和访问相关联的数据。返回字典可以使函数能够返回多个相关的值。现举
例说明返回字典的方法。get_person_info 函数接收三个参数：姓名、年龄和城市，并返回一
个包含这些信息的字典。调用者可以通过变量 person_info 来接收这个返回值，并打印出
来，代码如下。

```python
def get_person_info(name, age, city):
    return {"name": name, "age": age, "city": city}  # 返回一个包含人员信息的字典


person_info = get_person_info("Alice", 30, "New York")  # 调用函数并接收返回值
print(person_info)  # 输出：{'name': 'Alice', 'age': 30, 'city': 'New York'}
```

函数和循环是编程中两个非常重要的概念。它们可以相互结合使用，以实现更加复杂
的逻辑和功能。例如，可以使用 while 循环来多次调用一个函数，直到满足某个条件为止。
示例如下。

```python
def is_even(number):
    return number % 2 == 0  # 判断一个数是否是偶数


count = 1
while not is_even(count):  # 当 count 不是偶数时继续循环
    count += 1  # 将 count 加 1


print(f"The first even number greater than or equal to {count-1} is {count}.")  # 输出第一个偶数
```

上例中，is_even 函数接收一个数作为参数，并返回一个布尔值来表示这个数是否是偶
数。然后，使用 while 循环来多次调用 is_even 函数，直到找到一个偶数为止。最后打印该
偶数。

通过理解并熟练使用这些返回值相关的概念和技术，可以编写出更加灵活、强大和易
于理解的 Python 函数。这些技巧将帮助读者更好地与函数进行交互，从而提高代码的复用
性和可维护性。

3.4.2　模块

模块是组织和重用代码的重要工具。模块可以将相关的函数、类和变量封装在一个单
独的文件中，使得代码更加模块化和易于管理。通过导入模块，可以在不同的程序中重用
这些封装的代码，提高开发效率和代码的可维护性。本节将详细介绍 Python 中模块的定
义、导入和使用方法。

1. 模块的定义

模块是一个包含 Python 代码的文件，通常以 .py 为扩展名。模块可以包含函数、类、
变量等。定义模块的步骤分为创建模块文件和编写模块内容，其中，在模块文件中定义函

数、类和变量。例如，创建一个以.py 为扩展名的文件，如 mymodule.py，代码如下。

```
# mymodule.py
def greet(name):
    """打印问候消息"""
    print(f"Hello, {name}!")
def add(a, b):
    """返回两个数的和"""
    return a + b
```

2. 模块的导入

可以使用 import 关键字导入模块，并使用模块中的函数和变量。以下介绍导入整个模块、导入特定的函数以及导入模块中的所有函数等常见的导入方式。

（1）导入整个模块。当需要使用模块中的函数或变量时，首先要导入该模块。之后，可以通过模块名加上点"."和函数名或变量名的方式来访问它们。

例如，假设有一个名为 math_functions.py 的模块，其中包含一个名为 add 的函数。在另一个 Python 文件中，可以通过导入整个模块的方式来使用这个函数，代码如下。

```
# math_functions.py
def add(a, b):
    return a+b
```

```
# main.py
import math_functions

result = math_functions.add(3, 5)
print(result)  # 输出：8
```

（2）导入特定的函数。如只需要模块中的某个函数，可以直接导入该函数，这样就不需要在函数名前加上模块名了。示例如下。

```
# main.py
from math_functions import add

result = add(3, 5)
print(result)  # 输出：8
```

使用 as 给函数指定别名。如果函数名太长或不够直观，可以使用 as 关键字给它指定一个别名，如下所示。

```
# main.py
from math_functions import add as sum_two_numbers

result = sum_two_numbers(3, 5)
print(result)  # 输出：8
```

同样地，如果模块名太长或不够直观，也可以使用 as 给模块指定别名。

```
# main. py
import math_functions as mf

result=mf. add(3，5)
print(result) # 输出：8
```

（3）导入模板中的所有函数。导入模块中的所有函数也是较为常见的导入方法，这种做法会使得当前命名空间中的所有名称都可能与导入的模块中的名称发生冲突，因此通常建议明确指定要导入的函数或变量。

由于可能会导致命名冲突，虽然不推荐这样做，但可以使用星号"＊"来导入模块中的所有函数和变量。示例如下。

```
# main. py
from math_functions import ＊

result=add(3，5)
print(result) # 输出：8
```

3. 模块的使用

导入模块后，可以使用模块中的函数、类和变量。模块的使用方法与普通变量和函数的使用方法相同。例如在使用 math 模块中，Python 的 math 模块提供了许多与数学运算相关的函数。除了 Python 的标准库模块，还可以创建和使用自定义模块。例如，自定义模块名为 my_module. py 块，内容如下。

```
# my_module. py

def greet(name)：
return f"Hello, {name}!"

def add(a，b)：
return a ＋ b
```

然后，可以在另一个 Python 文件中导入并使用这个自定义模块：

```
# main. py

import my_module

# 使用自定义模块中的函数
greeting=my_module. greet("Alice")
print(greeting) # 输出：Hello, Alice!

sum_result=my_module. add(3，5)
print(sum_result) # 输出：8
```

在这个例子中，首先创建了一个名为 my_module. py 的自定义模块，其中定义了两个函数 greet 和 add。然后，在 main.py 文件中，导入了 my_module 模块，并使用模块中的函数来计算问候语和两数之和。

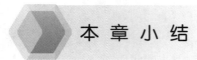

本 章 小 结

通过本章的学习，深入了解了 Python 语言在数据科学中的关键作用。Python 丰富的数据类型，为数据科学中各类复杂数据的处理提供了灵活的手段；条件语句和循环语句让我们能够根据数据的特点和分析需求，精确地控制程序流程，高效处理数据。函数和模块的运用，不仅提高了代码的可读性和复用性，还使得我们在进行大规模数据处理时，能够以模块化的方式组织代码，提升开发效率与项目的可维护性。掌握这些 Python 编程基础，是我们在数据科学道路上迈出的重要一步，为后续学习更高级的机器学习模型等内容，做好了充分的准备，助力我们在数据科学的海洋中乘风破浪，挖掘出更多有价值的信息。

习 题 3

1. 编写一个程序，输出斐波那契数列的前 N 项。斐波那契数列的定义为：第 1 项和第 2 项均为 1，从第 3 项开始，每一项等于前两项之和。

2. 编写一个程序，对一组数进行冒泡排序。冒泡排序的基本思想是通过相邻元素的比较和交换，将较大的元素逐步"冒泡"到列表的末尾。

3. 编写一个程序，包含两个自定义函数：计算并返回圆的面积和圆的周长。再编写一个主函数，在主函数中调用这两个函数，并输出给定半径的圆的面积和周长。

4. 编写一个函数，输入一个二维列表（矩阵），返回其转置矩阵。

5. 编写一个程序，实现简单的加、减、乘、除运算。用户输入两个数字和运算符，程序输出结果。

第 4 章　数据处理概述

知识目标：

1. 掌握数据处理的具体步骤。
2. 了解数据预处理的相关方法。
3. 掌握数据规范化方法。

能力目标：

1. 运用 Python 语言实现数据处理。
2. 能结合实际，按照数据处理流程，完成数据处理任务。

　　课程思政：在数据处理学习中，树立严谨细致的工作作风，注重数据完整性和准确性，尊重事实真相；面对数据处理挑战，勇于面对困难，积极探索新方法、新技术，增强创新思维和解决问题的能力，以科学态度挖掘数据价值。

　　在大数据时代，数据科学蓬勃发展，数据如同蕴藏巨大价值的宝库，数据采集与预处理则是开启宝库的钥匙。数据采集是数据科学的源头，通过网络爬虫、传感器、数据库等多种渠道收集数据，为后续数据挖掘提供丰富素材。但原始数据常存在噪声、缺失值等问题，会干扰数据价值挖掘与决策。数据预处理作为大数据处理的关键基础环节，能有效提升数据质量，确保后续分析建模工作的顺利开展。本章将详细介绍数据采集与预处理的相关知识，旨在帮助读者筑牢大数据分析与应用的根基，从而更好地挖掘数据价值，为数据科学的学习与实践提供有力支撑。

　　4.1　数　据　采　集

　　在数据科学领域，数据采集是极为关键的起始环节，它为后续的数据处理、分析及建模提供了必要的素材。

4.1.1　数据采集的概念与意义

1. 数据采集的概念

　　从广义上来说，数据采集是指运用特定的技术与工具，按照既定的规则和流程，从各种不同类型的数据源获取数据的过程。这些数据源分布广泛，涵盖了现实世界与虚拟网络的各个角落。无论是企业内部的业务数据库（其中存储着海量的交易记录、客户信息），还是互联网上的社交媒体平台，每时每刻都在产生用户发布的文本、图片、视频等非结构化数据;同时,遍布城市各个角落的交通传感器、环境监测传感器等在源源不断地收集着物理世界中的实时数据。数据采集的任务是通过特定的技术和工具,将分散在各处的数据按照统一的格式和标准进行收集和整理,为后续的数据处理与分析提供高质量的原材料。

2. 数据采集的意义

数据采集具有以下意义。

(1)奠定数据分析基础。优质的数据是准确分析的前提。例如,在金融领域,银行在进行信贷风险评估时,必须全面采集客户的收入信息、信用记录、资产负债情况等多维度数据,以确保风险评估模型的准确性。只有获取了这些详尽且准确的数据,才能运用合适的风险评估模型,精准地计算出客户的违约概率,从而制定合理的信贷政策。若数据采集不完整或存在偏差,则基于这些数据构建的风险评估模型就会产生错误的结果,使银行在信贷业务中面临巨大风险。

(2)支持决策制定。在商业竞争中,数据采集为企业的战略决策提供了有力支持。例如,电商平台通过采集用户的浏览行为、购买偏好、搜索关键词等数据,能够深入了解用户需求和市场趋势。基于这些数据洞察,企业可以精准地调整商品种类、优化营销策略,如推出符合用户口味的新品,针对不同用户群体开展个性化的促销活动,从而提高用户满意度和忠诚度,增强市场竞争力。

(3)推动科学研究与创新。在科研领域,数据采集同样发挥着重要作用。以天文学研究为例,科学家通过射电望远镜、光学望远镜等设备采集宇宙天体的电磁辐射、光谱信息等数据。这些数据有助于科学家发现新的天体,研究天体的演化规律。在医学研究中,采集患者的临床症状、基因数据、治疗效果等信息,有助于研发人员研发新的药物和治疗方法,为攻克疑难病症提供关键依据。

4.1.2 数据采集的数据源

数据源作为数据的源头,其类型丰富多样。不同的数据源有不同的特点和适用场景,直接影响数据采集的策略选择以及后续数据价值挖掘的效果。以下从内部数据源、外部数据源、传感器数据源三方面介绍数据源。

1. 内部数据源

内部数据源包括业务数据库、日志文件等。

1)业务数据库

业务数据库是企业用于存储、管理和分析其日常运营数据的信息系统,包含销售、财务、库存等多方面数据。其中:销售数据中记录了每一笔交易的详细信息,如销售时间、产品型号、销售数量、客户 ID 等,这些数据能帮助企业分析销售趋势,确定畅销和滞销产品;财务数据涵盖收入、支出、成本等,为企业的财务状况分析和预算制定提供依据;库存数据实时反映商品的库存数量、入库和出库记录,助力企业合理安排生产和补货计划。

2)日志文件

日志文件是用于记录运行过程中发生的事件、操作和状态变化的文件,常见的有系统日志、服务器日志、安全日志等。系统日志记录了系统运行的各种信息,包括用户登录时间、操作行为、系统错误提示等。例如,互联网公司通过分析用户在其产品上的操作日志,能了解用户的使用习惯,发现产品的潜在问题(如某些功能模块的高跳出率),进而优化产品设计。服务器日志则记录了服务器的运行状态,如 CPU 使用率、内存占用情况,可帮助运维人员及时发现服务器故障隐患,保障系统稳定运行。

2. 外部数据源

外部数据源包括公开数据集、网络数据等。

1) 公开数据集

公开数据集是指政府、科研组织和国际组织等机构公开发布的数据集。政府机构发布的数据涵盖民生、经济、环境等多个领域,如统计局发布的人口普查数据,包含人口数量、年龄结构、地域分布等信息,可用于研究人口发展趋势,为城市规划和政策制定提供参考。科研组织发布的学术研究数据,如医学领域的疾病样本数据,有助于医学研究人员开展疾病诊断和治疗方法的研究。国际组织发布的例如全球经济数据,能帮助经济学家分析全球经济走势等,帮助跨国企业做好战略布局等。

2) 网络数据

网络数据是指通过网络处理和产生的各种电子数据。常见的网络数据如社交媒体平台(如微博、微信等),其每天会产生海量的用户生成内容,包括用户发布的文本、图片、视频等,这些数据反映了用户的兴趣爱好、情感倾向和社会热点话题。通过对社交媒体数据的采集和分析,企业可以进行品牌舆情监测,了解消费者对产品的评价和反馈。新闻网站和论坛也是重要的网络数据源,能提供实时的新闻资讯和公众讨论话题,对于舆情分析和市场动态监测具有重要价值。此外,电商平台上的商品信息、用户评价数据,可用于竞品分析和产品优化。

3. 传感器数据源

随着物联网技术的发展,传感器数据成为重要的数据源。常见的传感器有温度传感器、位置传感器、工业传感器等。温度传感器分布在城市的各个角落,用于监测城市的气温变化,为气象预报和城市热岛效应研究提供数据支持。位置传感器广泛应用于交通领域,如安装在车辆上的 GPS 传感器用于实时采集车辆的位置信息,交通管理部门可以利用这些数据进行交通流量监测和智能交通调度。工业传感器(如压力传感器、振动传感器等)可采集设备的运行参数,用于设备故障预测和生产质量控制,确保生产过程的安全和高效。

了解不同数据源的特点和适用场景,是数据采集的关键一步。只有选择合适的数据源,才能获取到满足需求的高质量数据,为后续的数据处理和分析工作奠定坚实基础。

4.1.3　数据采集的方法

数据采集方法的选择取决于数据的类型、来源和采集目标。不同类型的数据需要采用不同的采集方法,以确保高效、准确地获取数据。

1. 结构化数据采集

对于存储在关系型数据库中的结构化数据,最常用的采集方法是使用 SQL 语句。SQL 拥有强大的查询和数据提取功能,能够根据特定的条件从数据库中筛选出所需的数据。

例如，在一个电商企业的销售数据库中，若要获取过去一个月内销售额超过 10 万元的订单记录，可使用如下 SQL 语句：

SELECT ＊ FROM sales_orders WHERE order_amount ＞ 100000 AND order_date ＞＝CURDATE() － INTERVAL 1 MONTH；

通过这样的查询，电商企业能够快速、准确地从海量的销售订单数据中获取想要的数据，为后续的销售数据分析提供支持。除了关系型数据库，一些新型的数据库，如 NoSQL 数据库（MongoDB、Redis 等），也有各自对应的查询语句和方法，以满足不同场景下结构化数据的采集需求。

2. 半结构化和非结构化数据采集

网络爬虫是采集半结构化和非结构化数据的重要工具，广泛应用于从网页、社交媒体平台等网络数据源获取数据。网络爬虫的工作原理是通过模拟浏览器发送 HTTP 请求，获取网页的 HTML、XML 等格式的内容，然后使用解析库（如 Python 的 BeautifulSoup、Scrapy 等）对网页内容进行解析，提取出所需的数据。

例如，若要采集某电商网站上所有手机产品的名称、价格和用户评价，网络爬虫会首先访问该网站的手机产品页面，获取页面的 HTML 代码，然后根据网页的结构和数据所在的标签，使用解析库定位并提取出相应的数据。

在实际应用中，使用网络爬虫时需要注意遵守网站的爬虫协议（robots.txt），避免对网站服务器造成过大的负担，同时要应对网站可能采取的反爬虫机制，如验证码、IP 限制等，通过设置代理 IP、模拟用户行为等方式来绕过这些限制。

对于大量的文本数据，如新闻文章、学术论文、社交媒体文本等，可以利用文本挖掘技术（如文本分类、情感分析、关键词提取等）提取有价值的信息，帮助用户快速理解文本内容。例如，在舆情分析中，利用情感分析技术，可以判断社交媒体上用户对某一品牌或事件的情感倾向是正面、负面还是中性；利用关键词提取技术，可以从大量的新闻文章中提取出关键主题和核心信息，帮助用户快速了解文章的主要内容。

3. 传感器数据采集

随着物联网技术的广泛应用，各种传感器设备成为重要的数据采集源。传感器通过物理或化学原理感知周围环境的变化，并将这些变化转换为电信号或数字信号。

例如，温度传感器通过热敏电阻感知环境温度的变化，将温度值转换为电信号输出；压力传感器通过压敏元件感知压力的变化，输出相应的电信号。这些传感器采集到的数据需要通过物联网设备（如微控制器、网关等）进行处理和传输。物联网设备将传感器数据进行初步的处理和打包，然后通过无线通信技术（如 Wi-Fi、蓝牙、LoRa 等）将数据传输到数据中心或云平台，以便进行后续的分析和应用。在工业生产中，传感器数据采集用于实时监测生产设备的运行状态，人们通过分析传感器数据可以及时发现设备故障隐患，实现设备的预防性维护，提高生产效率和产品质量。

不同的数据采集方法各有其特点和适用范围，在实际的数据采集工作中，需要根据数据的类型、来源和采集目标，灵活选择合适的采集方法，以确保获取到高质量、满足需求的数据。

4.1.4　数据采集的流程

数据采集是一个严谨且有序的过程，合理的流程能够保障采集到的数据符合需求，为后续的数据处理和分析工作奠定坚实基础。下面详细介绍数据采集的完整流程。

1. 确定数据采集目标

在开始数据采集前，首要任务是与相关业务部门或项目团队沟通，明确数据采集的业务目标。例如，一家零售企业计划开展精准营销活动，其业务目标可能是通过分析消费者的购买行为和偏好，对不同客户群体进行细分，从而制定个性化的营销策略。为实现这一目标，就需要采集消费者的购买历史、浏览记录、个人信息等数据。

基于业务目标，进一步确定所需采集的数据类型和范围。仍以上述零售企业为例，除了基本的交易数据，还可能需要采集消费者的年龄、性别、地域等人口统计学信息，以及他们在社交媒体上的兴趣爱好和消费评价等数据，以全面了解消费者画像，为精准营销提供充足的数据支持。

2. 制订数据采集计划

根据数据需求，评估并选择合适的数据源。这可能包括企业内部的业务数据库、客户关系管理系统，也可能涉及外部的公开数据集、社交媒体平台、行业报告等。例如，为了获取消费者的社交媒体数据，企业可以选择与社交媒体平台合作，或者使用合法的数据采集工具从公开的社交网络页面获取数据。

依据数据源的特点，选择相应的数据采集方法。对于结构化的企业内部数据库，可以采用 SQL 查询语句进行数据提取；对于半结构化或非结构化的网页数据，通常使用网络爬虫；对于传感器数据，则需要配置相应的传感器设备和数据传输接口。

根据业务需求和数据的时效性，确定数据采集的时间点和频率。例如，对于实时性要求较高的金融市场数据，可能需要每分钟甚至每秒采集一次；而对于一些变化相对缓慢的企业运营数据，如月度销售统计，每月采集一次即可。

3. 执行数据采集任务

根据选定的采集方法，搭建相应的数据采集环境。这可能涉及安装和配置数据采集工具、设置网络爬虫的参数、部署传感器设备等。例如，在使用网络爬虫采集数据时，需要确保爬虫程序能够稳定运行，设置合理的请求间隔时间，避免对目标网站造成过大压力，同时配置好代理 IP 以应对可能的反爬虫机制。

按照采集计划，启动数据采集任务。在采集过程中，密切关注采集进度，确保采集任务按照预定的时间和频率进行。如果遇到数据采集失败或异常情况，及时记录并分析原因，采取相应的解决措施，如调整采集参数、修复程序漏洞等。

4. 质量检查与评估

在数据采集过程中，实时对采集到的数据进行质量检查。检查内容包括数据的完整性、准确性、一致性等。例如，对于采集到的销售数据，检查是否存在缺失值、异常值，以及数据格式是否统一。如果发现数据质量问题，及时追溯数据采集过程，找出问题根源并进行修正。

建立数据质量评估指标体系，如数据的准确率、召回率、覆盖率等。通过这些指标对采集到的数据进行量化评估，确保数据质量符合业务需求。例如，在采集客户信息时，设定客户姓名、联系方式等关键信息的准确率需达到 95% 以上，以保证后续客户关系管理和营销活动的有效性。

5. 数据整理

数据采集完成后，对原始数据进行清洗，去除噪声数据、重复数据和异常值。例如，在采集到的电商评论数据中，可能存在一些机器刷评的虚假数据，通过文本分析和机器学习算法可以识别并去除这些噪声数据，提高数据的真实性和可靠性。

将清洗后的数据进行格式转换和集成，使其符合后续数据处理和分析的要求。例如，将不同数据源采集到的客户数据进行整合，统一数据格式，消除数据之间的冲突和不一致性，形成一个完整的客户数据集，方便后续的数据分析和挖掘。

数据采集流程的每一个环节都紧密相连，相互影响。只有严格按照科学的流程进行数据采集，才能获取高质量的数据，为数据科学的后续工作提供有力保障。

4.2 数据预处理

数据预处理是数据分析的基础。将原始数据进行数据预处理，可提高数据的质量和适用性，从而确保后续分析和建模的有效性，提升模型的表现力。

4.2.1 数据预处理的概念与意义

1. 数据预处理的概念

在数据采集阶段，从各种数据源获取到的原始数据往往存在诸多问题。这些问题包括：数据不完整，例如在一份客户信息表中，部分客户的年龄、联系方式等字段可能为空；数据不一致，如不同数据源记录的同一产品价格不一样；噪声数据，即数据中混入了一些与真实数据特征不符的干扰信息，比如温度传感器采集的数据中偶尔出现的异常大幅波动值；异常值，例如销售数据中突然出现的远高于正常销售额的记录，这可能是录入错误或者特殊的促销活动导致的，在分析时会干扰正常的统计结果。鉴于这些问题，数据预处理应运而生。它是在数据分析和数据挖掘前期阶段对原始数据进行的一系列操作，其核心目的在于全方位提高数据质量，增强数据的一致性，确保数据能精准适配后续分析任务的需求。这一系列操作包括数据清洗，旨在去除噪声数据、重复数据和错误数据；数据集成，即将来自不同数据源的数据整合到一起，以消除数据之间的冲突；数据变换，比如将数据的格式进行调整，或者对数据进行标准化处理，使其具备统一的度量尺度；数据归约，旨在减少数据量的同时尽可能保留关键信息。

2. 数据预处理的意义

数据预处理具有以下意义。

（1）显著提高数据质量。原始数据中存在的各种问题会严重影响数据分析的准确性和可靠性。以缺失值处理为例，在医疗数据分析中，如果患者的某些关键生理指标数据缺失，直接使用这些数据进行疾病诊断模型的训练，可能会导致模型的误诊率升高。通过插值方法，如均值插值、线性插值等，利用已有数据的统计特征来填充缺失值，或者根据业务规则和领域知识进行合理填充，能够使数据完整，从而提升分析结果的准确性。对于异常值，在金融交易数据中，若存在异常的大额交易记录，可能是欺诈行为或者数据录入错误，通过统计方法，如计算数据的四分位数间距(IQR)，确定异常值的范围并进行修正，能有效避免其对数据分析结果的干扰。

（2）深度优化数据结构。不同的分析任务对数据结构有不同的要求。在机器学习模型训练中，过多的无关或冗余特征会增加模型的训练时间，降低模型的泛化能力。通过特征选择算法，如基于相关性的特征选择算法，计算每个特征与目标变量之间的相关性，去除相关性较低的特征，或者采用递归特征消除法，不断递归地删除对模型性能影响最小的特征，可减少数据维度，提高模型的训练效率和预测性能。此外，还可利用特征提取从原始数据中挖掘出更具代表性的特征。例如，在图像识别中，将原始的图像像素数据转换为图像的边缘、纹理等特征，这些新特征能够更好地表达图像的本质信息，增强数据的表达能力，从而提升模型的识别准确率。

（3）助力人们深入理解数据。在数据预处理过程中，人们借助可视化工具，如柱状图、折线图、散点图等，可以了解数据的中心趋势（均值、中位数等）、离散程度（标准差、方差等）以及分布形状（正态分布、偏态分布等）。通过统计分析方法，如计算数据的频率、百分比等，人们能够发现数据中的潜在规律和异常点。这些信息对于后续选择合适的数据分析方法和模型构建具有重要的指导意义。例如，在分析用户购买行为数据时，通过可视化工具发现用户购买频率呈现出季节性波动，那么在构建预测模型时就可以考虑加入时间特征。

（4）切实保障数据安全和隐私。在当今数字化时代，数据安全和隐私保护至关重要。在数据预处理阶段，通过数据脱敏技术，如对身份证号码、银行卡号等敏感信息进行部分隐藏或替换，将真实姓名替换为化名等，能够有效防止数据泄露带来的风险。在数据传输和存储过程中，利用数据加密技术对数据进行加密处理，可确保数据的安全性。

4.2.2 数据预处理的工具

数据预处理工具种类繁多，功能各异，它们在数据预处理的各个环节发挥着关键作用，能够帮助数据分析师和数据科学家高效地完成数据清洗、数据集成、数据变换和数据归约等任务。

1. 编程语言类工具

Python 凭借其丰富的库和强大的功能，成为数据预处理的首选编程语言之一。例如，使用 Pandas 读取 CSV 格式的数据集后，能轻松地对数据进行去重、缺失值处理、数据类型转换等操作。

R 语言在统计分析和数据可视化方面具有独特优势，也常用于数据预处理。它拥有丰富的包，如 dplyr 包提供了简洁的语法，可进行数据的筛选、过滤、汇总等操作。

此外，其他编程语言如 Julia（高性能数值计算）、SQL（数据库查询与处理）和 Scala（大数据处理）也在特定场景下发挥着重要作用。根据数据规模、处理需求和技术背景，选择合适的编程语言工具组合，能够显著提升数据预处理的效率和质量。

2. 专业数据处理软件

Excel 是一款广泛使用的电子表格软件，在数据量较小、处理需求相对简单时，是进行数据预处理的便捷工具。它提供了基本的数据清洗功能，如通过"数据-删除重复项"功能去除重复数据，利用"数据-筛选"功能筛选出符合特定条件的数据。

SPSS 是一款专业的统计分析软件，具备强大的数据预处理功能。在数据清洗方面，它可以通过"数据-选择个案"功能筛选数据，通过"数据-标识重复个案"功能标记和处理重复数据。SPSS 还支持数据的合并和拆分，便于进行数据集成和分析。

此外，其他专业数据处理软件如 Tableau（数据可视化与清洗）、SAS（高级统计分析）和 MATLAB（科学计算与数据处理）也在特定领域发挥着重要作用。根据数据规模、处理复杂度和分析需求，选择合适的工具，能够显著提升数据预处理的效率和精度。

3. 大数据处理框架

在大规模数据处理场景中，Hadoop 和 Spark 是两个主流的分布式计算框架。Hadoop 生态系统通过 Hive 和 MapReduce 提供了强大的数据提取、转换和加载（ETL）能力，适合批处理任务和海量数据的并行清洗与变换。而 Spark 凭借其内存计算优势和丰富的模块（如 Spark SQL、Spark MLlib），能够更高效地处理结构化数据，支持实时数据清洗、变换和特征工程，尤其适合需要快速响应的场景。此外，其他大数据处理工具如 Flink（流式计算）、Kafka（实时数据流处理）和 Cassandra（分布式数据库）也在特定领域发挥着重要作用。根据数据处理需求（如实时性、批处理或流式计算），选择合适的框架和工具组合，能够显著提升大规模数据处理的效率和灵活性。

不同的数据预处理工具适用于不同的数据规模、处理需求和技术背景，在实际应用中，需要根据具体情况选择合适的工具或工具组合，以实现高效、准确的数据预处理。

4.2.3 数据预处理的流程

根据数据预处理的主要任务，可将数据预处理分为数据清洗、数据集成、数据变换、数据归约、数据离散化和数据存储等诸多步骤，具体描述如表 4-1 所示。

表 4-1 数据预处理流程

步骤	描　　　述
数据清洗	数据收集后再进行清洗，处理缺失值、异常值和错误数据，以解决数据冲突问题
数据集成	整合来自多个异构数据源的数据，解决数据分散、格式不一致、语义差异等问题
数据变换	将数据变换为适合建模的格式，此步骤可以与数据归约并行或顺序执行
数据归约	在尽量不损失数据的重要信息的基础上，运用特征选择来降低数据集维度
数据离散化	将连续的数据值转换为离散的区间或类别，处理之后的数据值域分布将从连续属性变为离散属性
数据存储	存储预处理后的数据，以便用于建模和分析

4.3　数据清洗

数据清洗对于提高数据质量、减少误差和偏差、提高数据可用性至关重要。通过数据清洗，人们能够有效避免误导性结论，优化数据存储和处理成本，从而做出更准确的决策。

4.3.1　数据清洗的概念

数据清洗是指检测和修正数据集中错误数据项以及对数据进行平滑处理等操作的数据预处理过程。数据清洗旨在提高数据质量，确保数据的准确性、一致性和完整性。

数据清洗主要用于识别和纠正数据中的错误和不一致问题，包括处理缺失值、去除重复记录、纠正错误的格式、识别和处理异常值或离群点等。

4.3.2　数据异常的类型

常见的数据异常类型有语法类异常、语义类异常和覆盖类异常三类。

1. 语法类异常

语法类异常是指数据中的值在语法上不符合预定义的规则或格式。这些异常通常包括拼写错误、格式不一致、使用非法字符等。语法类异常直接影响数据的可读性和处理效率，进而影响数据分析和挖掘的结果。

语法类异常有以下三种。

（1）词法错误。例如实际数据结构和指定数据结构不一致。

（2）值域格式错误，即实体的某个属性的取值不符合预期的值域中的某种格式。

（3）不规则的取值。如性别属性为"男""女"，有的用"Male""Female"，但"男"和"Male"同时出现时表示错误。

2. 语义类异常

语义类异常是指数据中的值在语义上不符合预定义的规则或逻辑。

语义类异常有以下四种。

（1）违反完整性约束规则，即一个元组或者几个元组不符合完整性约束规则。例如，规定学生成绩表的成绩字段必须大于 0，如果某个学生的成绩小于 0，就违反了完整性约束规则。

（2）数据中存在矛盾，即一个元组或者不同元组的各个属性值违反了取值间的依赖关系。例如，根据学生的课程一和课程二的成绩，可以算出总成绩，然而，如果学生的总成绩不等于课程一和课程二之和，则出现错误。

（3）数据中存在重复值。数据的重复值，主要指两个及以上的元组表示同一个实体。需要注意的是，不同元组的各个属性的值可能不尽相同。

（4）存在无效元组，即某些元组并没有表示客观世界的有效实体。例如，学生姓名表中包含名为"王涛"的记录,但班级名单中并没有该生。

3. 覆盖类异常

覆盖类异常是指数据库中的实体数量比客观世界中的实体数量少。值的缺失和元组的缺失都是覆盖类异常。前者是在数据采集过程中未采集到相应的数据。例如,元组的某个属性值是空值,若规定约束条件为数据库表中某个属性字段不能为空,且由数据库管理系统实施此约束,即时检查用户输入数据是否符合要求。当数据符合要求时,数据方能入库,这要求用户不能把空值输入到数据库中存储。后者是存在某些实体,但并没有在数据库中通过元组表示。

4.3.3 数据清洗的方法

在数据清洗的学术与实践领域,构建一套科学且逻辑严密的方法分类体系,对于精准、高效地处理各类数据问题起着关键作用。早期将数据清洗方法单纯划分为不完整数据处理方法与错误值处理方法,这种分类方式可能存在逻辑上的模糊地带。究其原因,不完整数据中常见的缺失值,在特定的数据分析场景下,同样可被认定为一种错误数据,这就致使两类方法在实际应用中存在交叉重叠,容易引发概念混淆与操作困扰。

为有效解决数据清洗方法分类中的逻辑模糊问题,可依据数据问题的本质属性进行分类,使分类更具逻辑性、系统性与实用性。具体而言,可将其主要划分为数据准确性问题处理方法、数据完整性问题处理方法以及数据一致性问题处理方法等类别。

1. 数据准确性问题处理方法

数据准确性问题处理方法主要聚焦于数据中存在的错误值、异常值等情况。以统计分析方法中的偏差分析为例,通过精确计算数据的均值、标准差等核心统计量,能够精准识别出偏离正常范围的数据点。例如,在处理员工薪资数据集时,若某员工的薪资数值远远超出均值加上 3 倍标准差的范围,依据统计学原理,该薪资值极有可能属于错误值。同时,规则库检查方法中的常识性规则与业务特定规则也在这一范畴中发挥重要作用。例如,在人员信息表中,若年龄字段出现负数或者远超人类正常寿命的数值,以及在银行交易数据中,若交易金额超出账户余额且无合理的解释依据,均可借助这些规则快速判断其为错误数据,进而采取相应的修正措施。

2. 数据完整性问题处理方法

数据完整性问题处理方法主要致力于解决数据缺失的难题,涵盖删除法与填充法两大主要策略。当数据集中某条记录存在大量对后续分析结果具有显著影响的缺失值时,删除记录不失为一种有效的处理手段;而当某个属性在大部分记录中均处于缺失状态,且对当前的分析任务并非关键要素时,删除属性则是较为合适的选择。填充法的应用更为广泛,其中:平均值填充法是通过计算数值型数据的非缺失值的平均值来填补缺失值的,例如在学生成绩表中,可利用平均成绩填补缺失成绩;最大值/最小值填充法是依据数据的具体特征与实际应用需求,审慎选择合适的最值进行填充的;最大似然估计填充法则借助概率统计的专业原理,通过构建回归模型、决策树模型等专业模型,对缺失值进行科学估计,尤其适用于结构复杂、变量众多的数据集的缺失值处理。

3. 数据一致性问题处理方法

数据一致性问题处理主要针对数据格式不一致以及重复数据的问题展开处理。数据格式标准化是确保数据一致性的关键环节。例如，在金额数据处理中，若存在单位不统一的情况，有的以"元"为单位，则有的以"万元"为单位，必须将其统一换算成相同单位，以保证数据的可比性。对于日期格式多样的问题，需统一采用如"YYYY－MM－DD"的国际标准格式。在处理重复数据方面，以客户信息数据表为例，若出现所有信息完全相同的记录，可运用数据库查询语句（如 SQL 中的 DISTINCT 关键字）或者专门的数据处理工具进行删除操作，仅保留一条有效记录，从而确保数据的一致性与准确性，提升数据质量与分析效率。

4.3.4　缺失数据处理

识别缺失数据、分析缺失数据和处理缺失数据是缺失数据处理的关键步骤。识别缺失数据主要采用数据审计的方法发现缺失数据。分析缺失数据主要是确定缺失数据的类型和原因，以便选择合适的处理方法。针对完全随机缺失、随机缺失和非随机缺失等三种缺失数据类型，应采用不同的应对方法，如对于完全随机缺失数据类型，缺失值与任何观察到的或未观察到的数据都无关，应采取忽略、丢弃或者填充等方法。此外，缺失数据对后续数据处理结果的影响不可忽视，在缺失数据及其影响的分析基础上，还需要利用数据所属领域的知识探究本质，为应对策略的选择提供依据。

应根据缺失数据对分析结果的影响及导致数据缺失的影响因素，选择具体的缺失数据处理策略，如忽略、丢弃或填充等。如果样本容量足够大，且信息缺失的样本占少数，则可以选择直接忽略缺失的数据。由于丢弃整行（列）的做法会损失更多有效的信息，因此多数情况下采用修补的做法，即对缺失项进行填充。值得一提的是，Python 的 Pandas 库提供了多种方法（如 DataFrame.fillna() 方法等）来填充或删除缺失值，以确保数据集的质量。填充方法主要有字典填充、临近值填充。对于有序的数据（如时间序列），临近值填充通过向前填充（ffill）或向后填充（bfill）来实现，该方法用相邻的非缺失值来替代缺失值，代码如下所示。

```
import pandas as pd

df_ffill=df.fillna(method='ffill')
df_bfill=df.fillna(method='bfill')


print("向前填充的结果：")
print(df_ffill)
print("\n向后填充的结果：")
print(df_bfill)
```

此外，现有模型大多支持缺失值的直接输入，也就是不丢弃、不填充，直接将缺失值当作一种特征取值。对于非随机缺失数据而言，发生缺失现象蕴含了一定量的信息，故直接保留缺失值是较为有效的做法。

4.3.5　噪声数据处理

噪声数据是指数据中不可靠、不准确或者无关紧要的信息，这些信息会对数据分析和模型构建产生负面影响。因此，须对噪声数据进行平滑处理，常见的处理方法有分箱、回归、聚类等。

1. 分箱

分箱是一种数据预处理方法，通过将连续数据划分为若干区间（即"箱"），并对每个区间内的数据进行简化处理，达到平滑数据的目的。这种方法可以有效减少数据中的噪声和异常值，提高数据的稳定性和模型的准确性。典型的分箱方法有等高方法和等宽方法。

这里采用基于平均值的等高分箱方法对数据集 $X = \{3, 6, 12, 18, 18, 21, 28, 30, 35\}$ 进行平滑处理。假设将数据集分成 3 个箱，分箱处理步骤如下。

（1）根据数据集 X，每个箱将包含 3 个数据点。

（2）对数据集进行排序。由于本例中数据集已经排序，因此直接将数据分箱为箱 1：$\{3, 6, 12\}$，箱 2：$\{18, 18, 21\}$，箱 3：$\{28, 30, 35\}$。

（3）计算每个箱的平均值。箱 1 的平均值是 7，箱 2 的平均值是 19，箱 3 的平均值是 31。

（4）用每个箱的平均值替换该箱内的所有元素，即箱 1：$\{7, 7, 7\}$，箱 2：$\{19, 19, 19\}$，箱 3：$\{31, 31, 31\}$。

（5）合并各箱中的元素，得到平滑后的数据集 $\{7, 7, 7, 19, 19, 19, 31, 31, 31\}$。

此外，还可以采用等宽分箱方法对数据集进行平滑处理。分箱处步骤如下。

（1）根据确定箱的数量计算每个箱的宽度，划分箱子并将数据点分配到箱子中，再计算每个箱子的平均值。

（2）用每个箱子的平均值替换箱中的所有元素。

（3）将所有箱中的元素合并成一个平滑后的数据集。

2. 回归

回归是利用拟合函数实现数据平滑处理的。例如，借助线性回归方法（包括多变量回归方法等），可以获得多个变量之间的拟合关系，从而达到利用一个或一组变量的值来预测其他变量的值的目的。

3. 聚类

聚类是一种无监督学习方法，用于将数据集中的对象分组，使得同一组内的对象相似度较高，而不同组之间的对象相似度较低。聚类的目的是发现数据中的内在结构，将数据点划分为多个簇（Cluster），每个簇包含相似的数据点。在聚类集合外，存在一些孤立的数据点或小规模的数据群，这与主要的聚类集合明显分离。对此类数据，一般情况下，将其作为异常数据处理。

除分箱、回归、聚类等平滑处理方法外，在数据平滑的过程中，还可采用人机结合的平滑数据处理方法。人机结合的平滑数据处理方法是指将人类的直觉和经验与机器的计算能力相结合，通过智能算法和自动化技术，来识别和处理数据中的噪声，以提高数据平滑的效果和准确性。例如，主观设置阈值是一种常见的人机结合的平滑数据处理方法，即根据数据的特性和业务需求，设定合适的参数，指导机器进行更精确的数据处理，有助于有效地识别孤立点或异常值。

4.4 数 据 集 成

数据集成的背景源于企业对数据管理的迫切需求，企业中的数据往往分散在不同的系统和数据库中，如客户管理系统、财务系统和人力资源系统等，形成众多数据孤岛，导致数据无法共享和协同，影响决策的准确性和效率。针对数据源日益多样、业务场景较为复杂等因素，通过数据集成可实现数据的一致性和完整性。

4.4.1 数据集成的概念

数据集成是指将分布式环境中的异构数据源集成起来，使用户能够以透明的方式访问这些数据源。通过数据集成，组织可以获取更加完整的信息视角，从而做出更为明智的决策。根据实现方式的不同，数据集成主要分为两种类型：物理式数据集成和虚拟式数据集成。

物理式数据集成是将来自不同数据源的数据复制到中央仓库中。物理式数据集成中的数据是单一位置管理，所有数据集中在一处，便于管理和维护。物理式数据集成确保了跨源数据的一致性和准确性，能够减少网络传输时间，提高查询性能。

虚拟式数据集成不涉及实际的数据移动，而是通过构建一个统一的访问层或中间件，使用户能够如同访问单一数据源一般，便捷地查询那些分散在不同位置的数据。虚拟式数据集成中的数据保持原始位置，减少了存储需求和带宽消耗，特别适合处理大规模数据集，且支持灵活性要求相对较高的数据环境。

4.4.2 实体识别处理

实体识别处理的核心任务是在不同数据源中识别和匹配来自不同数据源中的相同实体。由于各数据源在命名规范、别称使用以及数据格式上存在诸多差异，因此实体识别处理的挑战性显而易见。实体识别处理不仅能从文本或数据源中精准地筛选出实体，并进一步判断这些实体在不同数据源中是否指向同一对象，还对解决数据冗余问题具有不可替代的重要性，它能够有效识别并整合那些分散在不同记录中、实则代表同一实体的信息（即实体解析），从而显著降低数据集中的重复数据，提升数据的整洁度与可用性。

实体解析是指识别出不同数据源中指代同一实体的记录，并将其合并为一个统一实体的过程。一般来讲，可以使用基于规则的方法、基于机器学习的方法等，对记录进行实体解析。

基于规则的方法通过定义一系列规则来判断两个实体记录是否指代同一实体。这些规则可以基于实体的属性值，如姓名、地址、电话号码等是否完全相同或相似度达到一定阈值，也可以基于实体之间的关系，如上下级关系等。

基于机器学习的方法将实体解析问题转化为分类问题，即判断两个实体记录是否指代同一实体。首先需要从数据中提取特征，如实体属性的相似度、实体之间的关联信息等，然后利用机器学习算法，如聚类等，对从各个数据源获得的所有记录进行聚类分析，相似的记录归入同一类簇，对于隶属同一类簇的元组，可以进一步检验它们是否互相匹配，表示同一个实体。

基于规则的方法实现相对简单，对于一些规则明确且数据质量较高的场景，能够快速得到较为准确的结果。当数据源发生变化时，基于规则的方法泛化能力相对较差。相较于基于规则的方法，基于机器学习的方法泛化能力和适应性表现良好，然而，基于机器学习的方法需要大量地标注训练数据，成本相对较高，且模型构建难度相对较大。

4.4.3　数据冲突处理

在实体解析过程中，成功识别出指代同一对象的多条记录后，接下来的合并工作便成为关键环节。当各字段仅存在拼写错误或使用了不同同义词时，合并记录相对简单直接。然而，若数据本身出现冲突，例如某位同学的两个地址记录不一致（如表 4-2 所示），要确定哪个地址是准确无误的，这一任务便变得复杂棘手。此时，数据专家需要凭借专业知识和经验，仔细分析、权衡各方信息，做出精准的判断和决策，从而完成高质量的数据整合工作。合并后的结果如表 4-3 所示。

表 4-2　合并前的数据

ID	姓名	省份	地址	联系方式
55	李华	新疆	学府路 300 号	0911-752-4589
55	李华	新疆	平安路 158 号	0911-752-4589

表 4-3　合并后的数据

ID	姓名	省份	地址	联系方式
55	李华	新疆	{学府路 300 号，平安路 158 号}	0911-752-4589

数据冲突处理意义重大，它能确保数据一致性，避免因冲突导致的冗余与混乱，让数据更准确可靠；同时，能提升数据质量，增强数据完整性与可信度，为决策提供有力支撑。

4.4.4　数据冗余处理

数据冗余是指在数据集中存在重复或可推导的数据信息。数据冗余问题不仅会增加存储需求和成本，降低数据处理速度，还会造成数据不一致等诸多问题。冗余数据可能导致算法训练时间延长、模型精度下降等问题，需要额外工作以识别和处理重复数据。数据冗余问题包括属性冗余和元组冗余。对于数据冗余，按照存在形式的不同，可分为物理冗余和逻辑冗余；按照产生原因的不同，可分为人为冗余和系统冗余；按照影响范围的不同，可分为局部冗余和全局冗余。

为应对数据冗余，应制定明确的数据管理政策和流程，确保数据采集、存储、使用和销毁全过程的规范化、标准化。例如，可通过建立数据质量监控机制，建立完善的数据治理体系，及时发现并纠正数据冗余问题；还可通过定期开展数据审计工作以评估现有数据的质量和有效性，综合运用加密、脱敏、访问控制等多种技术手段保障数据在传输、存储和使用过程中的安全性，避免过度冗余的发生。

4.5 数 据 变 换

在对数据统计分析时，要求数据必须满足一定的条件，如在进行方差分析时，要求试验误差具有独立性、无偏性、方差齐性和正态性。然而在实际分析中，独立性、无偏性、方差齐性较为容易满足，正态性有时不能满足。若将数据经过适当的转换，如平方根转换、平方根反正弦转换等，则可以使数据满足方差分析的要求。

4.5.1 数据变换的概念与主要策略

数据变换是指通过一系列数学或统计方法将原始数据转换为新的表示形式，旨在使数据更适合特定的分析任务或模型训练。数据变换方法可以是线性的或非线性的。

数据变换包括多种操作，如归一化、规范化、对数变换等，目的是使数据更适合于特定的统计分析，提高模型的性能和预测准确性。数据变换可以改变数据的分布，使其更接近正态分布，或者调整数据的尺度，使其在模型训练中具有一致的影响。数据变换的主要策略如表 4 - 4 所示。

表 4 - 4 数据变换的主要策略

策略名称	策略描述
规范化	按比例缩放，使之落入特定的小区间内
离散化	属性的原始值用区间标签或概念标签替换
光滑	去掉数据中的噪声(可采用分箱、回归、聚类等方法)
属性构造	由给定的属性构造新的属性，并添加到属性集中(如根据长和宽属性可以构造周长属性)
聚集	对数据进行汇总或聚集，通常为多个抽象层的数据分析构造数据立方体
数据概化	将标称属性泛化到较高的概念层

4.5.2　数据规范化

数据规范化旨在将不同尺度或量纲的数据转化为统一标准，以便更好地进行数据处理和分析。数据规范化能够消除数据尺度对算法的影响，提高算法的效率和精度。数据规范化广泛应用在机器学习、数据挖掘、金融分析等领域。

1. 数据规范化处理方法

常用的数据规范化处理方法包括最大–最小规范化方法、Z-Score 规范化方法、小数定标规范化方法和归一化处理方法。

1）最大–最小规范化方法

最大–最小规范化方法是对被转换数据进行线性转换，其转换公式如下：

$$v_i' = \frac{(v_i - A_{\min})(A_{\text{new\_max}} - A_{\text{new\_min}})}{A_{\max} - A_{\min}} + A_{\text{new\_min}}$$

其中，v_i 是原始数据集 A 中的第 i 个元素，$A_{\min}$ 和 $A_{\max}$ 分别是数据集 A 中所有元素的最小值和最大值，$A_{\text{new\_min}}$ 和 $A_{\text{new\_max}}$ 是转化后区间的最小值和最大值，v_i' 是经规范化后的第 i 个元素的新值。

下面举例介绍最大–最小规范化方法的应用。假设有一组数值数据 $A = [10, 20, 30, 40, 50]$，我们的目标是将其规范化到区间 $[0, 1]$ 内。首先，确定最小值和最大值：$A_{\min} = 10$，$A_{\max} = 50$。其次，设定新的最小值和最大值：$A_{\text{new\_min}} = 0$，$A_{\text{new\_max}} = 1$。接着，应用公式，得

$$v_1' = \frac{(10 - 10)(1 - 0)}{50 - 10} + 0 = 0$$

$$v_2' = \frac{(20 - 10)(1 - 0)}{50 - 10} + 0 = 0.25$$

$$v_3' = \frac{(30 - 10)(1 - 0)}{50 - 10} + 0 = 0.5$$

$$v_4' = \frac{(40 - 10)(1 - 0)}{50 - 10} + 0 = 0.75$$

$$v_5' = \frac{(50 - 10)(1 - 0)}{50 - 10} + 0 = 1$$

最终规范化后的数据为 $A' = [0, 0.25, 0.5, 0.75, 1]$。

2）Z-Score 规范化方法

Z-Score 规范化方法通过将原始数据转换为标准正态分布的形式来实现。这一方法特别适用于需要消除不同特征之间量级差异的情况，如在机器学习模型中对输入特征进行标准化。Z-Score 规范化的主要目的是将不同量级的数据统一转化为同一量级的数据，统一用计算出的 Z-Score 值衡量，以保证数据之间的可比性。其转换公式如下：

$$v_i' = \frac{v_i - \overline{A}}{\sigma_A}$$

其中，v_i 是原始数据集 A 中的第 i 个元素，$\overline{A}$ 是数据集 A 的平均值，σ_A 是数据集 A 的标

准差，v_i' 是经过规范化后的第 i 个元素的新值。

　　下面举例介绍 Z-Score 规范化方法的应用。某班 3 位学生(1，2，3)的数学成绩分别为 85、60、95，对其进行 Z-Score 规范化。由题意知 $v_1 = 85$，$v_2 = 60$，$v_3 = 95$，则平均值为

$$\overline{A} = \frac{85 + 60 + 95}{3} = 80$$

标准差为

$$\sigma_A = \sqrt{\frac{(85-80)^2 + (60-80)^2 + (95-80)^2}{3}} \approx 14.72$$

将其代入转换公式，得

$$v_1' = \frac{85-80}{14.72} \approx 0.34$$

$$v_2' = \frac{60-80}{14.72} \approx -1.36$$

$$v_3' = \frac{95-80}{14.72} \approx 1.02$$

最终规范化后的数据为 $A' = [0.34, -1.36, 1.02]$。

　　3）小数定标规范化方法

　　小数定标规范化方法通过移动属性值的小数位置来达到规范化的目的，所移动的小数位数取决于属性绝对值的最大值。其转换公式为

$$v_i' = \frac{v_i}{10^k}$$

其中，v_i 是原始数据集中的第 i 个元素，k 是使得 $\max(|v_i'|) < 1$ 的最小整数。

　　下面举例介绍小数定标规范化方法的应用。某班 3 位学生(1，2，3)的数学成绩分别为 85、60、95，对其进行小数定标规范化。由题意知 $v_1 = 85$，$v_2 = 60$，$v_3 = 95$，为了使所有成绩的绝对值都小于 1，选择 $k = 2$，将其代入转换公式，得

$$v_1' = \frac{85}{10^2} = 0.85$$

$$v_2' = \frac{60}{10^2} = 0.60$$

$$v_3' = \frac{95}{10^2} = 0.95$$

最终规范化后的数据为 $A' = [0.85, 0.60, 0.95]$。

　　4）归一化处理方法

　　归一化处理方法是将数据缩放到[0，1]区间的方法，基于每个特征列的总和进行归一化。这种方法特别适用于所有特征值都是非负的情况，并且能够保持特征值之间的相对差异性。其转换公式为

$$v_{ij} = \frac{A_{ij}}{\sum\limits_{i=1}^{m} A_{ij}} \ (i = 1, 2, \cdots, m; j = 1, 2, \cdots, n)$$

　　现举例介绍归一化处理方法的应用。某班 3 位学生(1，2，3)的 2 门课程(数学、物理)

的成绩分别为(80，70)，(90，85)，(70，90)，对其进行归一化处理。易知，数学总成绩为 80＋90＋70＝240，物理总成绩为 70＋85＋90＝245。应用转换公式，得

$$v_{11} = \frac{80}{240} \approx 0.333, \ v_{12} = \frac{70}{245} \approx 0.286$$

$$v_{21} = \frac{90}{240} = 0.375, \ v_{22} = \frac{85}{245} \approx 0.347$$

$$v_{31} = \frac{70}{240} \approx 0.292, \ v_{32} = \frac{90}{245} \approx 0.367$$

最终学生(1，2，3)的 2 门课程(数学、物理)归一化的成绩分别为(0.333，0.286)，(0.375，0.347)，(0.292，0.367)。

2. 4 种数据规范化处理方法的比较

在实际的数据预处理过程中，每种规范化处理方法都有其优缺点及适用情况，详见表 4－5。

表 4－5　数据规范化处理方法比较

规范化方法	优　点	缺　点	适用情况
最大-最小规范化方法	计算简单	新数据加入时需重新定义最大值和最小值；存在越界错误	属性的最大值和最小值已知时
Z-Score规范化方法	适用于数值型数据；不受数据量级影响	对数据分布有要求(正态分布最佳)；消除了数据的实际意义	属性的最大值和最小值未知，或离散点改变时
小数定标规范化方法	直观简单	未消除属性间的权重差异	—
归一化处理方法	简单易行，计算效率高；保持了原始数据的相对差异性	不适用于包含负值的数据；特征值差异大时可能不反映实际差异	—

4.5.3　数据离散化

数据离散化旨在将连续型数据转换为离散型数据。数据离散化通过将连续的数值区间划分为若干个离散的区间或类别，来简化数据的复杂性，提高数据的可解释性和处理效率。例如，在用户数据分析中，常需要将看作连续变量的年龄转换为分类变量，可以通过分箱法将年龄分为不同的区间，以便进行市场细分或用户行为分析。数据离散化方法可以分为无监督离散化方法和有监督离散化方法。

1. 无监督离散化方法

无监督离散化方法主要有等宽算法(分箱离散化)、等频算法(直方图分析离散化)、基于聚类的方法等。

（1）等宽算法：将属性的值域 $[X_{\min}, X_{\max}]$ 分为具有相同宽度的区间，区间的个数为 k，即每个区间大小为 $\dfrac{X_{\max} - X_{\min}}{k}$，这种方法可能受到离群点的影响。例如，属性值在 $[0, 60]$ 区间内，最小值为 0，最大值为 60，可将 $[0, 60]$ 划分为 $[0, 20]$、$[21, 40]$、$[41, 60]$ 等。

（2）等频算法：将数据分成具有相同数量数据点的区间，每个区间包含大约 $\dfrac{N}{k}$ 个数据点，其中 N 是数据点。例如，有 60 个样本，要将其分为 3 部分，即 $k = 3$，则每部分的长度为 20 个样本。

（3）基于聚类的方法：使用聚类算法将数据点分组，每个组代表一个离散区间。其具体计算步骤为：用户指定离散化产生的区间数 k，再随机选取 k 个数据作为初始区间重心；最后根据欧氏距离，将所有对象聚类，并重新计算各区间重心，直到区间重心不随算法循环改变。

2. 有监督离散化方法

有监督离散化方法主要有齐次性的卡方检验法、自上而下的卡方分裂算法、ChiMerge 算法等，这些方法通过统计测试来决定区间的合并或分裂，以优化数据的离散化。

（1）齐次性的卡方检验法：用于检验不同组之间的频率或构成比是否相同。卡方统计量计算公式为

$$\chi^2 = \sum_{i=1}^{n} \frac{(O_i - E_i)^2}{E_i} \quad (i = 1, 2, \cdots, n)$$

其中，O_i 是观测频数，E_i 是期望频数。根据自由度和显著性水平，查找卡方分布表确定 p 值。如果 p 值小于显著性水平（通常是 0.05），则拒绝原假设，认为不同组之间存在差异。

（2）自上而下的卡方分裂算法：将整个属性的取值区间当作一个离散的属性值，并对该区间进行划分，一般是一分为二；依次计算每个插入点的卡方值，当卡方值达到最大时，将该点作为分裂点；继续分裂区间，直到满足停止准则（卡方检验显著时继续分裂，不显著时停止分裂）为止。

（3）ChiMerge 算法：根据要离散的属性对实例进行排序，每个实例属于一个区间；合并区间，计算每一对相邻区间的卡方值；如果卡方检验不显著，则继续合并相邻区间；如果卡方检验显著，则停止区间合并。

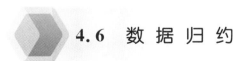

4.6　数　据　归　约

在数据挖掘和分析中，数据量过大不仅增加了存储和处理数据的成本，也可能导致分析模型的性能下降。数据归约旨在通过减少数据集的规模，同时保持其关键信息，来提高数据处理的效率和准确性，增强数据的可解释性。

4.6.1　数据归约的概念与作用

数据归约是指在尽可能保持数据关键信息的前提下，通过减少数据集的规模（如删除

冗余特征或压缩数据)来提高数据处理的效率和准确性。通过数据归约可以得到数据集的规范表示，并且能大致保持原数据的完整性。

数据归约在实际应用中起着重要的作用。首先，数据归约可以减少对存储和传输资源的需求，从而降低成本。其次，数据归约可以提高数据的处理效率，加快数据的分析和挖掘过程。此外，数据归约还可以提高数据的质量，使数据更易于理解和分析。

4.6.2　数据归约的策略

常见的数据归约方法有维归约、数量归约以及数据压缩。

1. 维归约

维归约是在保留数据关键信息的基础上，删除不相关的特征或属性，从而减少数据集中的特征或属性数量。维归约一般可以采用特征选择和主成分分析等方法来实现。

1）特征选择

特征选择又称特征子集选择，是指在初始的 n 个属性中选择出一个有 $m(m<n)$ 个属性的子集。其中，这 m 个属性可以如原来的 n 个属性一样用来正确区分数据集中的每个数据对象。子集产生是一个搜索过程，对于含有 n 个属性的属性集合，其子集共有 2^n 个，如何从这 2^n 个子集中选择一个合适的子集，是一个值得研究的问题。

子集产生过程所生成的每个子集都需要用事先确定的评估准则进行评估，并且与先前符合准则最好的子集进行比较，如果新的子集更好一些，就用新的子集替换前一个最优的子集。如果没有一个合适的停止规则，则属性选择进程可能会无穷无尽地运行下去。属性选择过程可以在满足以下条件之一时停止：

（1）达到一个预先所要选择的属性数；

（2）达到预先定义的迭代次数；

（3）增加（或删除）任何属性都不产生更好的子集。

对选择的最优子集进行有效性验证，即对所选子集和原属性集进行不同的测试和比较。

一般采用启发式方法来实现子集选择，常用的方法如下。

（1）逐步向前选择：由空集开始，选择原属性集中最好的属性，并将它添加到该集合中，如此迭代循环。

（2）逐步向后删除：从整个属性集开始，删掉其中最坏的属性，如此迭代循环。

（3）向前选择与向后删除结合：每一步选择一个最好的属性，并在剩余属性中删除一个最坏的属性。

（4）决策树归纳：构造一个类似于流程图的结构，每个内部节点（非树叶）表示一个属性上的测试，每个分枝对应测试的一个输出；每个外部节点（树叶）表示一个判定类。在每个节点，选择最好的属性，将数据划分成类。当决策树归纳用于属性子集选择时，由给定的数据构造决策树。不出现在树中的所有属性假定是不相关的，那么出现在树中的点会形成归约后的属性子集。

2）主成分分析

主成分分析（Principal Component Analysis，PCA）是一种统计方法，其基本原理是通过正交变换将数据从原始特征空间转换到新的特征空间，使得新的特征（主成分）之间的协方差为零。

具体步骤如下：

（1）将数据进行标准化处理，使其均值为 0，方差为 1。

（2）计算协方差矩阵，并计算特征值和特征向量。其中，特征值表示每个主成分的方差大小，特征向量表示主成分的方向。特征值越大，对应的主成分的方差越大。

（3）根据特征值的大小，选择前 k 个最大的特征值对应的特征向量，构成投影矩阵，即选择主成分。

（4）将原始数据投影到由主成分构成的低维空间中，得到降维后的数据。

运用 PCA 能保留原始数据集中的关键信息，且维归约后数据集规模远远小于原数据规模。然而，PCA 对数据的标准化要求较高，否则可能影响结果。读者需要注意，PCA 假设数据是线性可分的，对于非线性数据，效果相对较差。

2. 数量归约

数量归约通过用更简洁的形式表示原始数据来减少数据中的冗余或重复信息。数量归约可以是有参数的，也可以是无参数的。有参数的数量规约使用模型来估计数据，通常只需要存放模型参数而不是实际数据。这种方法适用于数据具有某种规律或模式的情况。例如，使用线性回归、对数线性模型等统计模型来拟合数据，然后用模型的参数来表示原始数据。无参数的数量规约不依赖于数据分布的假设，而是直接对数据进行处理。

常见的有参数的数量归约方法有回归线性模型和对数线性模型。前者包括线性回归和多元回归；后者用于处理多维数据，通过拟合对数线性模型来减少数据的维度。

常见的无参数的特征值归约方法有以下四种。

（1）直方图：采用分箱近似数据分布，其中 V-最优和 MaxDiff 直方图是最精确和最实用的。

（2）聚类：将数据元组视为对象，将对象划分为群或聚类，使在一个聚类中的对象相互相似，而与其他聚类中的对象相异，在数据归约时用数据的聚类代替实际数据，其有效性依赖数据的性质。对于被污染的数据，能够组织成不同聚类的数据。

（3）抽样：用数据的较小随机样本表示大的数据集，如无回放简单随机抽样、有回放简单随机抽样、聚类抽样和分层抽样等。

（4）数据立方体聚集：数据立方体存储多维聚集信息。每个属性都可能存在概念分层，允许在多个抽象层进行数据分析，将细粒度的属性聚集到粗粒度的属性。

3. 数据压缩

数据压缩是一种通过消除数据中的冗余来减少数据大小的技术，旨在提高存储和传输效率，同时尽量保持数据的完整性或可识别性。例如，网页加载的速度很大程度上取决于数据的大小和传输效率，通过数据压缩，可以在保持网页质量的同时减少其存储体积，从而加快加载速度。

数据压缩可以根据压缩后数据是否可还原分为两大类：无损压缩和有损压缩。无损压缩允许数据完全还原，而有损压缩则为了实现更高的压缩率，允许一定程度的数据损失。表4-6展示了根据压缩技术的特点和应用场景进行分类的代表性的数据压缩方法。

表4-6　数据压缩方法

压缩类型	方法名称	描　述
无损压缩	哈夫曼编码	基于字符出现频率的变长编码方法，频繁出现的字符用较短的编码表示
	游程编码	用于将连续重复的数据用一个计数器和一个值来表示
	LZ78/LZ77算法	基于字典的压缩技术，通过存储数据和数据之间的差异来减少冗余
	DEFLATE算法	结合了LZ77和哈夫曼编码，广泛用于ZIP文件压缩
	FLAC	FLAC为一种无损音频压缩格式，其旨在将音频数据进行压缩，并保证在解压缩后音频数据和原始音频数据完全一致
有损压缩	JPEG	用于图像压缩的标准算法，通过减少图像的色彩信息来减少文件大小
	MP3	一种音频压缩格式，通过去除人耳不易察觉的音频频率来减少文件大小
	H.264/AVC和 H.265/HEVC	视频压缩标准，通过预测编码和变换编码减少视频数据的大小

本 章 小 结

本章围绕数据采集与预处理展开，系统介绍相关知识，为数据科学后续研究筑牢基础。数据采集方面，阐述了相关概念，介绍了内部业务数据库、日志文件，外部公开数据集、网络数据以及传感器数据等多样化数据源及其特点与适用场景，讲解了结构化数据的数据库查询、半结构化和非结构化数据的网络爬虫与文本挖掘、传感器数据的物联网设备采集等方法，梳理了从需求分析、制订计划、执行采集、质量监控到数据整理的完整流程。数据预处理部分，阐述了相关概念，介绍了Python、R语言，Excel、SPSS软件，Hadoop生态系统和Spark等处理工具，还讲解数据清洗、集成、变换、归约等具体环节的操作与方法。通过学习，读者能理解数据采集与预处理过程，掌握关键技术，为后续进行数据分析与挖掘提供知识储备。

习　题　4

1. 简述数据预处理的主要流程，包括每个步骤的具体描述。
2. 简述常见的数据异常类型，并举例说明。
3. 简述平滑噪声数据的常用方法。
4. 简述维归约、数量归约的常用方法，并说明其特点。
5. 简述数据变换的常用策略，并说明其特点。

第 5 章　数据科学的模型

知识目标：

1. 了解机器学习、深度学习。
2. 熟悉回归分析模型、分类模型、聚类模型、神经网络模型及其应用。

能力目标：

1. 掌握机器学习、深度学习的原理。
2. 能够根据各种模型处理实际问题。

课程思政： 数据科学模型应用涉及伦理和社会责任，金融、医疗等领域模型决策对个人社会影响重大；培养伦理意识和社会责任感，确保模型应用符合法律法规和道德规范，为构建和谐社会贡献力量。

在数据科学的研究与应用中，模型是核心要素之一。机器学习借助算法和模型让计算机系统能从数据中自动学习并持续改进，而数据预处理作为其关键步骤，通过合理的数据清洗、特征工程和数据转换可提升模型的准确性与稳定性。常见的机器学习类型有监督学习、无监督学习、半监督学习和强化学习，各有特定应用场景与算法。本章将围绕数据科学的模型展开，逐步介绍机器学习的基本概念以及回归分析、分类、聚类等相关模型，并利用第 3 章中介绍的 Python 知识优化改进这些模型。

5.1　机器学习初探

机器学习是人工智能（Artificial Intelligence，AI）的一个重要分支，旨在通过算法和统计模型使计算机系统能够从数据中自动学习和改进。随着数据量的爆炸式增长和计算能力的显著提升，机器学习在各个领域得到了广泛应用，如图像识别、自然语言处理、预测分析等。第 4 章所介绍的数据预处理是机器学习中的关键步骤，直接影响模型的性能和准确性。

5.1.1　机器学习的概念及其核心要素

机器学习作为人工智能领域的重要分支，是一种借助数据与经验来解决问题的方法，与人类的学习过程存在诸多相似之处。以日常生活中的"见面问题"为例，当人们约定见面时，往往会参考对方过去的迟到记录，以此预测对方此次是否会迟到，进而决定自己的出发时间。这一基于历史数据进行决策的过程，本质上与机器学习利用数据分析指导行动和决策的核心思想相契合。

从广义层面定义，机器学习是一系列能够使计算机系统凭借经验（即数据）来提升自身性能或优化决策质量的算法和技术的集合。在实践中，机器学习是基于数据处理与分析，训练生成相应模型的过程。它从经过预处理的数据中学习规律和模式，进而对新数据做出预测。形象地说，数据是原材料，机器学习是加工工具，而模型则是最终的产品。

机器学习包含目标（T）、性能（P）、经验（E）三个核心要素。

机器学习研究的关键在于借助经验 E，通过算法学习来提升性能 P，最终基于经验生成有效的模型。以图书分类系统为例，目标（T）是对给定图书进行准确分类，判断图书所属种类，性能指标（P）为图书分类的准确率，而经验（E）则来源于大量已标注分类信息的图书数据。

机器学习在商业领域展现出了巨大的价值，应用范围极为广泛。在计算机视觉领域，涵盖图像采集、分类识别、目标检测等技术，目前主要应用于生物医学影像分析、智能交通监控等场景。在生物特征识别领域，指纹识别、面部识别、声纹识别等技术广泛应用于银行支付安全、身份验证以及安全监控等方面。

5.1.2　机器学习的发展历程

机器学习与人工智能的发展紧密相连，它是人工智能研究推进到特定阶段的必然成果。人工智能致力于研究、开发用于模拟、延伸和拓展智能的理论、方法、技术及应用系统。其研究历程呈现出从聚焦"推理"，到侧重"知识"，再到着重"学习"的清晰脉络。机器学习的发展主要历经以下三个阶段：

1. 推理期（20 世纪 50 年代至 70 年代）

推理期以逻辑推理能力为核心。1943 年，麦卡洛（McCulloch）和皮特（Pitts）提出神经网络模型，为后续机器学习发展埋下种子。1957 年，弗兰克·罗森布拉特（Frank Rosenblatt）提出感知机（Perceptron）模型。1959 年，Samuel 的跳棋程序让人们初窥机器学习的潜力。1967 年，最近邻和 K 均值算法问世，为数据处理提供了新方法。这一时期的典型代表是"逻辑理论家"程序，其展现了早期人们对机器逻辑推理能力的探索。

2. 知识期（20 世纪 70 年代至 80 年代初）

知识期专家系统兴起，标志着机器学习发展迈向新高度。E. A. Feigenbaum 凭借"知识工程"荣获图灵奖，凸显了知识在这一时期机器学习发展中的关键地位。专家系统的出现，让机器能够利用大量专业知识进行决策和问题求解。

3. 学习期（20 世纪 80 年代至今）

20 世纪 80 年代起，机器学习成为独立学科，技术发展步入快车道。1980 年，机器学习国际研讨会召开，标志着其在全球范围内的兴起。1986 年，反向传播法（BP 算法）发表，为深度学习奠定了基础。1989 年，卷积神经网络（Convolutional Neural Network，CNN）模型被提出并用于手写体识别。1995 年，软间隔支持向量机（Support Vector Machine，SVM）问世。2006 年，Hinton 提出深度学习算法，有力推动了神经网络的发展。

5.1.3　机器学习的基本术语

机器学习是人工智能的核心领域，旨在利用算法从海量历史数据中挖掘潜在规律，应用于新数据以实现预测或分类。其本质是寻找函数,将收集的数据作为输入得出期望结果。机器学习始于获取经验 E,计算机中经验以数据形式存在,经学习算法对数据深度学习,最终生成模型。在这个过程中,理解数据的组织和定义是关键,下面以表 5-1 的游戏人物数据集为例,详细阐释机器学习的基本术语。

表 5-1　游戏人物数据集

样　本	特　征		
	肤色	眼睛颜色	头发颜色
样本 1	蓝皮肤	蓝眼睛	白头发
样本 2	白皮肤	紫眼睛	金头发
样本 3	绿皮肤	黑眼睛	紫头发

1. 数据相关基础概念

1) 数据集、样本与属性

表中的所有数据构成一个**数据集**。其中,每一行关于一个游戏人物的数据即为一个**样本**,如样本 1 描述的是一个蓝皮肤、蓝眼睛、白头发的游戏人物。表格的列标题"肤色""眼睛颜色""头发颜色"是**属性**(也称作特征),用于刻画游戏人物的特点。

2) 属性值

属性对应的具体取值为**属性值**。表中的样本 1 中,"蓝皮肤"是"肤色"属性的属性值,"蓝眼睛"是"眼睛颜色"的属性值,"白头发"是"头发颜色"的属性值。

3) 样本空间与特征向量

因表中存在三个属性,将其作为空间维度可形成一个三维的**样本空间**。每一个游戏人物样本,都能在该三维空间中找到唯一对应的坐标向量。例如,样本 1 对应的**特征向量**可表示为(蓝皮肤,蓝眼睛,白头发),体现了样本与特征向量的对应关系。

4) 训练集与训练样本

若使用这些游戏人物数据训练机器学习模型,这些数据便构成**训练集**,其中每个游戏人物样本,如样本 1、样本 2、样本 3,均为**训练样本**,将用于模型的学习过程。

2. 机器学习任务类型

在机器学习过程中,人们通常将学习目标分为**分类**问题和**预测**问题。分类问题是一种在数据挖掘相关应用中经常出现的基础学习方法。分类问题的目标是预测离散的标签或类别。预测问题通常应用概率模型进行预测,目标值一般为连续值。以上问题分别会在本章 5.2、5.3 节中详细阐述。

3. 训练与标记

在机器学习中,根据数据生成模型的过程就可以称为**训练**或**学习**。训练模型的目的是在学习过程中揭示并预测数据的某种潜在规律。需要说明的是,在学习过程中,仅仅依靠少量样本远远不够,需要大量样本进行训练。例如在表 5-1 中,当样本的属性值为蓝皮肤、蓝眼睛、白头发时，样本是女性人物，其中样本信息中的"女性人物""男性人物"称为**标记**。

4. 机器学习范式分类

根据数据有无标记信息，可将模型分为**监督学习**(Supervised Learning，SL)、**半监督学习**(Semi-Supervised Learning，SSL)以及**无监督学习**(Unsupervised Learning，UL)。

1) 监督学习

监督学习是一种机器学习范式，旨在学习一个映射函数，该函数能够根据输入特征预测输出标签。其中模型从标记数据中学习，每个训练样本都包括输入特征和相应的目标输出标签。

2) 半监督学习

半监督学习介于完全监督学习和完全无监督学习之间。在这种学习模式中，使用一部分标注数据(有标签的数据)和大量未标注数据(无标签的数据)来训练模型。半监督学习特别适用于标注数据昂贵或难以获得的情况。

3) 无监督学习

无监督学习是从未标记的数据中学习，旨在发现数据中的隐藏结构和模式。在无监督学习中，训练数据只包含输入特征，没有相应的标签。

分类和回归是监督学习的代表，一致性正则化和伪标签是半监督学习的代表，而聚类则是无监督学习的代表。

5.1.3　模型评估与性能度量

1. 模型评估

模型评估是机器学习领域中的一个重要研究方向。机器学习的最终目标是使训练的模型适应特定场景，更好地应用于商业和社会发展中，而这需要面对日益增多的数据分析和处理任务。若仅针对少量样本训练，则得到的结果较为片面。机器学习模型评估是对模型性能进行量化和优化的过程，使得模型能够拥有较好的泛化(Generalization)能力。其中，泛化衡量的是模型对新数据的适应能力。

在模型评估过程中，通常首先将数据集划分为训练集和测试集。训练集用于训练模型，使其学习数据中的模式和规律；测试集则用于验证模型在新数据上的泛化能力，检验模型能否准确处理未参与训练的数据。

机器学习模型评估有多种方法，其中较为常用的三种分别是留出法(Hold-Out)、交叉验证法(Cross Validation)以及自助法(Bootstrap)。这些方法从不同角度对模型性能进行评估，帮助研究人员和从业者选择更优的模型。

1) 留出法

留出法是常用的模型评估测试方法，涉及将数据集分为两个不相交的子集，即训练集和测试集。这种方法的目的是在模型训练完成后，使用一个独立的数据集来评估模型的性能，以确保模型对新数据的泛化能力。留出法的具体步骤如下：

(1) 数据集划分：将数据集 D 分为训练集 S 和测试集 T，满足 $D = S \bigcup T$ 且 $S \cap T = \varnothing$。

（2）模型训练与评估：在 S 上训练模型，用 T 评估模型性能。

（3）保持分布一致性：确保 S 和 T 的数据分布相似，避免引入偏差。

（4）分层抽样：在分类任务中，为保持类别比例，采用分层抽样。

现通过举例说明留出法的具体步骤。如数据集 D 有 6000 个正样本和 4000 个负样本，按 80％样本的训练集和 20％样本的测试集划分数据集，先从正样本中抽 4800 个，从负样本中抽 3200 个作为训练集，余下作为测试集。

留出法简单直观，但由于测试集的样本量可能不足以准确评估模型性能，可能不适用于数据量较小的情况。

2）交叉验证法

交叉验证法是将已给数据集 D 随机地分为互不相交、大小相同的 k 个子集，并利用其中 $k-1$ 个子集作为训练数据，利用余下的 1 个子集做测试数据。重复 k 种选择后，选出 k 次评估中平均测试误差最小的模型。以 10 折交叉验证法为例，具体步骤如下。

（1）数据分割：数据集被分割成 10 个数量相等的子集。

（2）迭代训练与验证：每次迭代选择其中 1 份作为验证集，剩余 9 份作为训练集，共 10 次迭代。

（3）模型评估：在每次迭代中，用训练集训练模型，并在验证集上评估模型，记录每次迭代的评估指标。

（4）计算结果：计算 10 次迭代评估指标的平均值，作为模型性能的综合评估。

但值得注意的是，k 折交叉验证中有种特殊的情况：如果有一个数据集包含 m 个样本，k 取值为 m 时，则每个子集仅有一个样本数据，这种交叉验证法称为留一法。

3）自助法

自助法是一种通过重复随机抽样来评估模型性能的方法。它从原始数据集中有放回地抽取样本，构建多个新的训练数据集，每个新数据集的大小与原始数据集相同。然后在这些新的训练数据集上分别训练模型，并在原始数据集中未被抽到的样本（称为"包外"样本）上评估模型性能。自助法可以充分利用原始数据集，即使数据量较小，也能通过抽样生成多个训练数据集，从而得到较为稳定的性能估计。然而，由于是有放回抽样，每次生成的训练数据集可能会存在较大的差异，这可能导致模型性能的估计有一定的偏差。

2. 性能度量

性能度量（Performance Measure）指标反映了对模型性能的具体需求，常用的性能度量指标包括精度（准确度）、精确率（查准率）以及召回率（查全率）等。以下以分类任务为例说明性能度量。

在分类任务中，通常将分类错误的样本数占总样本数的比例称为**错误率**（Error Rate），而**精度**（Accuracy）是正确分类的样本数占总样本数的比例。精度和错误率能在一定程度上反映模型性能，但对于特殊的情况就会体现出其不足之处。例如，对于垃圾信息分类问题中，如果目标是"将所有的垃圾信息选取出来"以及"选取出来的都是垃圾信息"两类任务，采用精度就很难衡量。由此引入了**精确率**（Precision）与**召回率**（Recall）。本节以二分类问题为例，分类器预测结果分为 4 种情况，列出混淆矩阵如表 5-2 所示。

表 5 - 2　分类器预测结果

真实情况	预测结果	
	正样本	负样本
正样本(Positive)	真正样本(TP)	假负样本(FN)
负样本(Negative)	假正样本(FP)	真负样本(TN)

精确率是指模型预测为正类的样本中，实际为正类的比例。它衡量的是模型预测正类的准确性。召回率是指实际为正类的样本中，模型正确预测为正类的比例，其衡量的是模型对正类的召回能力。上述性能指标公式为：

$$accuracy = (TP + TN)/(TP + FN + FP + TN) \quad (5-1)$$
$$precision = TP/(TP + FP) \quad (5-2)$$
$$recall = TP/(TP + FN) \quad (5-3)$$

在实际生活中，精确率与召回率相互制约，精确率高时，召回率往往偏低；反之，召回率高时，精确率则偏低。因此，引入另一重要性能指标 F1 **度量**(F1 Score)。F1 度量是精确率和召回率的调和均值，用于综合评价模型的性能，公式如下：

$$F1 = (2 \times precision \times recall)/(precision + recall) \quad (5-4)$$

当精确率与召回率接近时，F1 最大，此时达到该模型性能最好的评估效果。除此之外，关于性能度量还有很多指标，请感兴趣的读者查阅资料自行学习。以上是关于分类任务的性能度量，接下来，将介绍回归任务的性能度量标准。

回归任务是一种监督学习任务，其目标是根据输出数据来预测连续数值的输出，通常用于建立输入和输出之间的函数关系。例如，给定数据集 $D = \{x_1, x_2, \cdots, x_m\}$，其预测对应的标签为 $\hat{y} = \{\hat{y}_1, \hat{y}_2, \cdots, \hat{y}_m\}$，常用的评估指标度量模型的预测误差，主要包括**平均绝对误差**(Mean Absolute Error，MAE)、**均方误差**(Mean Squared Error，MSE)、**均方根误差**(Root Mean Squared Error，RMSE)等。

MAE 也称 L1 范数损失，衡量预测值与真实值之间的绝对误差的平均值，公式如下：

$$MAE = \frac{\sum_{i=1}^{n} |y_i - \hat{y}_i|}{n} \quad (5-5)$$

其中，n 代表样本数量，y_i 代表真实值，$\hat{y}_i$ 代表模型预测值，$|y_i - \hat{y}_i|$ 表示真实值与预测值之差的绝对值。

MSE 也称 L2 范数损失，表示预测值与真实值之间的误差平方的平均值，其公式如下：

$$MSE = \frac{\sum_{i=1}^{n} (y_i - \hat{y}_i)^2}{n} \quad (5-6)$$

其中，n 代表样本数量，y_i 代表真实值，$\hat{y}_i$ 代表模型预测值。

RMSE 是 MSE 的平方根，其公式如下：

$$RMSE = \sqrt{MSE} = \sqrt{\frac{\sum_{i=1}^{n} (y_i - \hat{y}_i)^2}{n}} \quad (5-7)$$

从上述评价指标可以看出这些评价指标适用于特定应用场景，尚未有统一规则的评判指标衡量模型的好坏。此外，聚类性能也称为聚类有效性指标，用来评估聚类模型性能。有关聚类内容后续详细介绍，此处不再赘述。

5.2 回归分析模型

回归分析属于监督学习，回归分析模型是描述因变量和自变量之间的依存关系的模型。回归分析模型根据变量的数量，分为一元线性回归模型和多元线性回归模型；根据自变量与因变量之间的关系，分为线性回归分析模型和非线性回归分析模型。逻辑回归模型和线性回归的模型形式非常相似。逻辑回归在线性回归的基础上增加了一个 Sigmoid 函数，将线性回归的输出值映射到 $(0,1)$ 区间，从而实现分类。本节着重介绍常用的两种模型：线性回归模型和逻辑回归模型。

5.2.1 线性回归模型

线性回归的核心任务是**预测连续型变量**。

线性回归是一种利用回归方程对一个或多个自变量和因变量之间的关系进行建模，并基于自变量的数值，对因变量进行解释和预测的分析方式。线性回归模型中如果只有一个自变量，则称为**单变量回归**模型；如果有多个自变量，则称为**多元回归**模型。

对于单变量回归模型，其目标就是寻找一条直线，使得根据给定的一个自变量值可以计算因变量。对于多元回归模型而言（如图 5-1 所示），设自变量为 $x_1, x_2, \cdots, x_m$，因变量为 y，则其数学模型为

$$y = \omega_0 + \omega_1 x_1 + \omega_2 x_2 + \cdots + \omega_m x_m \tag{5-8}$$

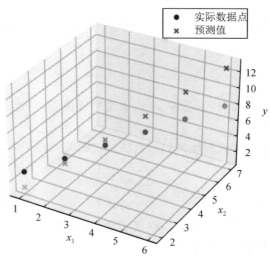

图 5-1 多元回归模型

对于多元回归模型，也可以使用矩阵来表示这个方程：

$$\begin{bmatrix} \hat{y}_1 \\ \hat{y}_2 \\ \vdots \\ \hat{y}_m \end{bmatrix} = \begin{bmatrix} 1 & x_{11} & x_{12} & \cdots & x_{1n} \\ 1 & x_{21} & x_{22} & \cdots & x_{2n} \\ \vdots & \vdots & \vdots & & \vdots \\ 1 & x_{m1} & x_{m2} & \cdots & x_{mn} \end{bmatrix} \begin{bmatrix} \omega_0 \\ \omega_1 \\ \vdots \\ \omega_n \end{bmatrix} \tag{5-9}$$

其中 $\boldsymbol{\omega}$ 可以被看作是一个结构为 $(n+1,1)$ 的列矩阵，$\boldsymbol{X}$ 是一个结构为 $(m,n+1)$ 的特征矩阵，则有 $\hat{y} = \boldsymbol{X}\boldsymbol{\omega}$。

　　线性模型训练目标旨在构造一个预测函数来映射输入的特征矩阵 $\boldsymbol{X}$ 和标签值 y 的线性关系，此预测函数的本质是构建模型，而模型的核心是找出合适的参数向量 $\boldsymbol{\omega}$。为避免过拟合问题，需要在线性回归中定义损失函数，通过最小化损失函数或损失函数的某种变化来平衡向量参数，从而将求解问题转化为最优化问题。在多元函数线性回归中，损失函数定义如下：

$$\sum_{i=1}^{m} (y_i - \hat{y}_i)^2 = \sum_{i=1}^{m} (y_i - x_i\omega_i)^2 \tag{5-10}$$

其中，y_i 是样本 i 对应的真实标签，$\hat{y}_i$ 是样本 i 在参数 ω_i 下的预测值。

　　本节以常用的方法**普通最小二乘法**（Ordinary Least Squares，OLS）来估算参数 ω。下面介绍 OLS 具体步骤，首先考虑一种较为简单的情况，使输入的属性数仅有一个，即 $f(x_i) = \omega_i x_i + \omega_0$，最终目的是使 $f(x_i) \cong y_i$。借助 OLS 的拟合策略可以寻找到一组参数，使得模型的预测值与实际值之间的平方误差之和最小。

　　为求 ω_0、ω_1 的最优解，可通过求参数 ω_0、ω_1 的偏导数，公式如下：

$$\frac{\partial E(\omega_1, \omega_0)}{\partial \omega_0} = 2\left[n\omega_0 - \sum_{i=1}^{n} (y_i - \omega_1 x_i) \right] \tag{5-11}$$

$$\frac{\partial E(\omega_1, \omega_0)}{\partial \omega_1} = 2\left[\omega_1 \sum_{i=1}^{n} x_i^2 - \sum_{i=1}^{n} (y_i - \omega_0) x_i \right] \tag{5-12}$$

令 $\dfrac{\partial E(\omega_1, \omega_0)}{\partial \omega_0} = 0$，$\dfrac{\partial E(\omega_1, \omega_0)}{\partial \omega_1} = 0$，即可得 ω_0、ω_1 的值分别为

$$\omega_0 = \frac{1}{n} \sum_{i=1}^{n} (y_i - \omega_1 x_i) \tag{5-13}$$

$$\omega_1 = \frac{\displaystyle\sum_{i=1}^{n} (x_i - \bar{x}) y_i}{\displaystyle\sum_{i=1}^{n} x_i^2 - \frac{1}{n} \left(\sum_{i=1}^{n} x_i \right)^2} \tag{5-14}$$

　　现以 UCI 中 Wine 数据集为例，采用 sklearn 构建多元函数回归模型，根据操作步骤（表 5-3），使用如下所示伪代码进行操作。

表 5-3　多元函数回归模型构建步骤

步骤	操作	说　　明
1	导入库	导入线性回归、数据集和绘图所需的库
2	初始化模型	创建一个线性回归模型实例
3	加载数据集	加载 Wine 数据集

步骤	操作	说　　明
4	获取目标变量	从数据集中提取目标变量 y
5	交叉验证预测	使用交叉验证预测目标变量的值
6	绘图	创建图形和坐标轴，绘制散点图和参考线
7	设置标签	设置 x 轴和 y 轴的标签
8	显示图形	显示绘制的图形

```
# 导入 linear_model 模块中的 LinearRegression 类
# 导入 datasets 模块
# 导入 matplotlib.pyplot 模块中的 pyplot 作为 plt
from sklearn.linear_model import LinearRegression as lr
from sklearn.datasets import load_wine
from sklearn.model_selection import cross_val_predict
import matplotlib.pyplot as plt


# 初始化线性回归模型
lr_model = lr()


# 加载数据集
wine = load_wine()


# 获取目标变量
y = wine.target


# 预测结果
predicted = cross_val_predict(lr_model, wine.data, y, cv=10)
```

　　上述代码是运用 sklearn 库构建多元线性回归模型，其中，sklearn 库中 linear_model 模块拥有可以直接使用的线性回归模型，即 LinearRegression，只需将数据集导入后进行训练。

5.2.2　逻辑回归模型

　　逻辑回归是一种统计学和机器学习中常用的预测分析方法，相较于线性回归的目标是预测连续值输出，逻辑回归主要用于处理二分类问题。逻辑回归通过逻辑函数（如 Sigmoid 函数）将模型输出映射到 $(0,1)$ 区间，从而预测事件发生的概率。

　　为了更好地了解逻辑回归，首先引入 Sigmoid 函数，其定义为

$$z(x) = \frac{1}{1 + e^{-x}}$$

其中，z 是线性回归的输出，x 的变化范围为 $(-\infty < x < +\infty)$。对于 x 的变化，$z(x)$ 也会

随之变化，当 $x \to +\infty$ 时，$z(x) \to 1$；当 $x \to -\infty$ 时，$z(x) \to 0$，如图 5-2 所示。

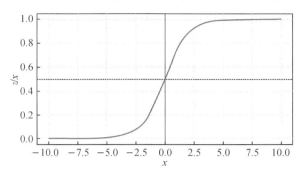

图 5-2 Sigmoid 函数

逻辑回归模型形式简单，易于理解和解释，计算复杂度相对较低，尤其适用于数据集特征数较少的情况。然而，当数据非线性可分时，逻辑回归的效果较差；在特征数较多且数据量较少时，该模型容易出现过拟合问题。

现对 UCI 中的鸢尾花数据集，采用 sklearn 库来构建逻辑回归模型，sklearn 库的 linear_model 模块中包含逻辑回归模型，即 LogisticRegression 模型，只需将数据集导入后并放入模型进行训练，伪代码如下。

```
# 导入 datasets 模块
# 导入 linear_model 模块中的 LogisticRegression 类作为 lr
from sklearn import datasets
from sklearn. linear_model import LogisticRegression as lr
from sklearn. model_selection import train_test_split
from sklearn. preprocessing import StandardScaler
# 加载数据集
iris = datasets. load_iris()
# 划分数据集
x_train, x_test, y_train, y_test = train_test_split(iris. data, iris. target, test_size=0. 2, random_
state=0)
# 初始化标准化器
scaler = StandardScaler()
# 标准化训练集
x_train = scaler. fit_transform(x_train)
# 标准化测试集
x_test = scaler. transform(x_test)
# 初始化逻辑回归模型
logistic_model = lr()
# 拟合模型
logistic_model. fit(x_train, y_train)
# 预测结果
y_pred = logistic_model. predict(x_test)
```

5.2.3　回归模型的应用

1. 线性回归模型的应用

线性回归模型在众多领域应用广泛，其核心是探寻变量之间的线性关系，进而实现对目标值的预测。

以收入和受教育年限的关系为例，假设收集大量个体的受教育年限及对应年收入数据。将受教育年限设为自变量 X，年收入设为因变量 Y。在构建模型时，首先计算受教育年限和年收入的平均值，然后计算截距，以此建立回归方程。借助这个方程，便能预测不同受教育年限人群的年收入水平。

在房地产领域，线性回归可用于预测房价。自变量可以是房屋面积、房龄、周边配套设施完善程度等，因变量则是房屋价格。通过对大量房屋数据的分析建模，房地产从业者和购房者能够依据房屋的各项特征，大致估算出合理的房价。

在交通领域，线性回归可用来预测交通流量。以时间、路段、天气状况等作为自变量，交通流量作为因变量，通过建立线性回归模型，交通管理部门可以提前预测不同时段、不同路段的交通流量，从而合理安排警力、制定交通疏导方案。

2. 逻辑回归模型的应用

逻辑回归模型虽名字中带有"回归"，但主要用于解决分类问题，通过预测事件发生的概率来判断类别。

在医疗领域，根据患者的症状、检查结果、过往病史等特征，利用逻辑回归模型预测患者是否患有某种疾病。例如，输入患者的体温、咳嗽频率、白细胞计数以及是否接触过传染源等信息，模型可以输出患者感染某种传染病的概率，帮助医生做出初步诊断。

在市场营销中，根据客户的线上购买历史、浏览行为、停留时间、地域信息等特征，逻辑回归模型可以预测客户是否会对某项营销活动感兴趣。电商平台可以根据这些预测结果，对不同客户进行精准营销，提高营销活动的转化率。

在金融领域，逻辑回归模型常用于信用风险评估。金融机构根据客户的收入水平、负债情况、信用记录等特征，预测客户违约的概率，以此决定是否给予贷款以及贷款额度和利率，有效降低金融风险。

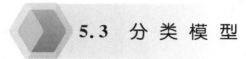

5.3　分 类 模 型

分类模型分为二分类和多分类两种模型，其应用非常广泛，如在医疗诊断、语音识别以及垃圾邮件识别等。本节主要介绍 3 个较为基础的分类模型：决策树（Decision Tree，DT）、支持向量机（Support Vector Machine，SVM）和朴素贝叶斯（Naive Bayes，NB）。

5.3.1　决策树

决策树是树状模型，通过自顶向下递归构建，其每个内部节点都表示一个属性（特征），每个分支到叶节点表示一个规则。决策树算法最早由 Hunt 等人在 1966 年提出，该算法为后续决策树算法的发展奠定了基础，其构建思路和基本方法对 ID3、C4.5 和 CART 等算法在特征选择、树的构建等方面均有重要影响。决策树构建从根节点开始，基于根节点中的某个特征的最佳分割点，递归地将数据集分割成越来越小的子集，直到满足特定的停止条件。

决策树算法的核心在于特征选择，特征选择方法能帮助算法识别特征对分类的区分能力，如信息增益、基尼不纯度等。信息增益是决策树算法中用于选择最佳特征进行分裂的一个重要指标，它基于信息熵的概念，衡量一个特征在区分数据集中的不同类别时的有效性。信息增益越大，表示该特征在分类中的作用越重要。为更好地理解信息增益，引入集合信息的度量方式——香农熵或熵（Entropy）。对于随机变量 X，其概率分布为 $P(X=x_i)=p_i$，其中，$i=1,2,\cdots,k$，那么 X 的熵值 $H(X)$ 的表达式为

$$H(X) = -\sum_{i=1}^{k} p_i \mathrm{lb}(p_i) \tag{5-15}$$

其中，p_i 代表随机变量 $X=x_i$ 的概率，k 代表随机变量 X 的取值个数。

熵衡量的是信息的不确定性。具体来说，熵表示接收一个随机变量的值时所获得的平均信息量。熵值越小，表示信息的不确定性越低，信息越确定；熵值越大，表示信息的不确定性越高，信息越混乱。进一步，引入条件熵概念。条件熵用于表示在已知随机变量 X 的条件下，随机事件 Y 的不确定性或信息量，记为 $H(Y|X)$。条件熵公式为

$$H(Y|X) = \sum P(X=x_i) H(Y|X=x_i) \tag{5-16}$$

其中 $P(X=x_i)$ 是边缘概率。

现举例说明条件熵的计算过程。

设 X：天气 $=\{$晴天，雨天$\}$，对应概率为 $P(X)=\{0.6,0.4\}$。Y：$\{$户外活动、居家$\}$，条件概率如下：

$$P(\text{户外活动}|\text{晴天})=0.8$$
$$P(\text{居家}|\text{晴天})=0.2$$
$$P(\text{户外活动}|\text{雨天})=0.3$$
$$P(\text{居家}|\text{雨天})=0.7$$

根据条件熵公式知，$H(Y|X) = -0.6(0.8\mathrm{lb}0.8+0.2\mathrm{lb}0.2) - 0.4(0.3\mathrm{lb}0.3 + 0.7\mathrm{lb}0.7) = 0.68$（保留两位小数）。

信息增益衡量的是使用某个特征进行分裂后，信息熵的减少量。计算公式如下：

$$\mathrm{Gain}(A) = H(D) - H(D|A) \tag{5-17}$$

其中，$H(D)$ 为数据集的熵，$H(D|A)$ 是已知特征（集合）A 所得的条件熵 $H(D|A)$。

ID3 算法以信息增益为准则划分，但是它较为偏向取值较多的特征，可能导致过拟合，而无法对新样本有效预测。进而，以信息增益率为准则提出 C4.5 算法。其表达式为

$$\mathrm{Gain}_{\mathrm{ratio}} = \frac{\mathrm{Gain}(A)}{H(A)} \tag{5-18}$$

相较于 ID3、C4.5 算法仅用于分类，CART 算法可以同时应用于分类和回归任务。CART 采用基尼指数（Gini Index），通过递归的方法将数据集分割成更小的子集，从而建立决策树模型。基尼指数、加权基尼指数的公式分别为

$$\text{Gini}(D) = 1 - \sum_{k=1}^{m} p_k^2 \qquad (5-19)$$

$$\text{Gini}_{\text{index}}(A) = \sum_{v=1}^{n} \frac{|X_v|}{X} \text{Gini}(X_v) \qquad (5-20)$$

由此可知,基尼指数和基尼加权指数都用于衡量数据集的纯度,帮助决策树选择最佳的特征进行分裂。基尼指数越小,被选中的样本被分错的概率越小,即集合的纯度越高。当基尼加权指数比原始数据集的基尼指数更小时,表示划分后数据集的纯度更高。

剪枝用于减少过拟合并提高模型的泛化能力。剪枝方法分为预剪枝和后剪枝。预剪枝在每个节点进行扩展之前,先计算当前的划分是否能带来模型泛化能力的提升,如果不能,则不再继续生长子树。后剪枝从决策树的叶子节点开始,逐步向上考察每个非叶子节点,决定是否将其对应的子树替换为叶子节点。如果替换后能提升模型的泛化性能,则进行剪枝。

5.3.2　支持向量机

万普尼克等人在1992年提出支持向量机(Support Vector Machine,SVM),SVM在处理线性和非线性分类问题上有着独特的方法,对于线性问题,SVM通过寻找一个超平面来最大化不同类别之间的间隔以实现分类;对于非线性问题,则借助核技巧将数据映射到高维空间,进而找到线性可分的超平面。下面详细介绍SVM的原理和特点。

SVM是一种监督学习模型,用于分类和回归问题,SVM通过寻找一个超平面,使得不同类别的数据点之间的间隔最大化,其中的核心概念是超平面、间隔、支持向量等(如图5-3所示)。超平面是一个在高维空间中的线性子空间,其维度比整个空间的维度少一。例如,在二维空间中,超平面是一条直线。又例如,在三维空间中,超平面是一个平面。对于线性可分的数据,SVM模型为:$y = \boldsymbol{\omega} \cdot \boldsymbol{x} + b$。其中,$\boldsymbol{\omega}$ 是权重向量,b 是偏置项,$\boldsymbol{x}$ 是输入特征向量,y 是输出标签(-1或1)。SVM的目标是实现最大化间隔,间隔是衡量模型泛化能力的核心指标。即目标函数为 $\max = \dfrac{2}{\|\boldsymbol{\omega}\|}$,等价于 $\min = \dfrac{1}{2}\|\boldsymbol{\omega}\|^2$,对于任意 i,使得 $y_i = \boldsymbol{\omega} \cdot \boldsymbol{x}_i + b \geqslant 1$。通过构建广义拉格朗日函数,可以计算 $\boldsymbol{\omega}$ 和 b。

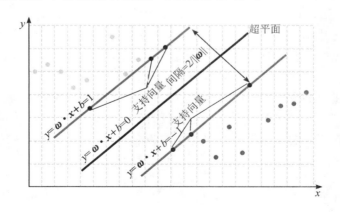

图 5-3　超平面示意图

　　由实践经验知，超平面很难做到将所有的数据点正确分类，因此需要引入惩罚系数概念，控制模型的复杂度和容错能力。较小的惩罚值会使容错能力更高；较大的惩罚值会使容错能力更低。在 SVM 中，寻找最优超平面的过程涉及将线性可分数据集通过线性方程转化为超平面参数。

　　然而，面对非线性可分的数据集，SVM 通过映射将样本投影到高维度空间，将原本的非线性问题转化为线性可分问题。这一过程中，核函数扮演了关键角色，如线性核、多项式核、径向基函数核和高斯核等。通过计算样本间的相似度来隐式完成特征映射，避免了直接在高维空间操作的复杂性。

　　下面以 Heart Disease 数据集为例，调用 Python 中 sklearn 库来构建 SVM 模型。数据导入以及最终可视化都与前述代码实现方法类似。伪代码如下所示。

```python
# 导入所需的库
from sklearn. datasets import datasets
from sklearn. svm import SVC
from sklearn. model_selection import train_test_split

# 加载数据集
heart_disease_dataset＝datasets. load_breast_cancer()

# 提取特征和目标变量
X＝heart_disease_dataset. data
Y＝heart_disease_dataset. target

# 设置测试集比例和随机种子
test_size＝0. 3
random_state＝0

# 分割数据集为训练集和测试集
x_train, x_test, y_train, y_test＝train_test_split(X, Y, test_size＝test_size, random_state＝random_state)

# 创建 SVM 分类器实例
svm_classifier＝SVC()

# 训练 SVM 模型
svm_classifier. fit(x_train, y_train)

# 计算训练集准确率
train_accuracy＝svm_classifier. score(x_train, y_train)

# 打印训练集准确率
print("训练集准确率：", train_accuracy)
```

```
# 使用训练好的模型对测试集进行预测
y_hat = svm_classifier. predict(x_test)
```

总之,SVM 算法通过核技巧和最大化间隔的策略,能够有效解决非线性问题,具有强大的泛化能力和高维数据处理能力。其灵活的核函数选择和坚实的理论基础使其在各种复杂的数据集上表现出色。通过与其他算法的结合,SVM 还可以进一步提升模型的性能和稳定性,为解决复杂的机器学习问题提供了有力的工具。

5.3.3 朴素贝叶斯

贝叶斯分类算法是基于贝叶斯定理的分类方法,其中朴素贝叶斯(Naive Bayes)以其简洁性和高效处理大数据集的能力而著称。尽管朴素贝叶斯模型简单,但它却在多个领域展现出了卓越的性能。本节以贝叶斯定理为基础,探讨朴素贝叶斯模型。

假设事件 A 发生的条件下,事件 B 发生的概率 $P(B|A)$ 称为似然概率,此时,$P(A|B)$ 为后验概率,即事件 B 发生后,事件 A 发生的概率,$P(A)$ 称为先验概率。由此,贝叶斯定理描述了如何根据新证据更新先验概率,以得到后验概率,公式如下:

$$P(A \mid B) = \frac{P(B \mid A) \times P(A)}{P(B)} \tag{5-21}$$

其中,$P(B) = \sum_A P(B \mid A) \times P(A)$。

假设某厂商有甲、乙、丙 3 个产地分别生产同种产品,各产地生产产品占比分别为 30%、30%、40%,且次品率分别为 1%、2%、3%。现随机抽出的一个产品是次品,问这个次品最有可能来自哪个产地?

令随机抽取一件产品来自甲、乙、丙 3 个产地的概率分别记为 $P(A_1)=0.3$、$P(A_2)=0.3$、$P(A_3)=0.4$,抽出次品的概率记为 $P(B)$,则:

$$P(B|A_1)=0.01, P(B|A_2)=0.02, P(B|A_3)=0.03$$

根据全概率公式 $P(B) = \sum_A P(B \mid A) \times P(A)$ 得:

$$P(B)=P(B|A_1)P(A_1)+P(B|A_2)P(A_2)+P(B|A_3)P(A_3)=0.021$$

再根据贝叶斯公式得:

$$P(A_1|B) = \frac{P(B|A_1)P(A_1)}{P(B)} = \frac{0.01 \times 0.3}{0.021} \approx 14.29\%$$

$$P(A_2|B) = \frac{P(B|A_2)P(A_2)}{P(B)} = \frac{0.02 \times 0.3}{0.21} \approx 28.57\%$$

$$P(A_3|B) = \frac{P(B|A_3)P(A_3)}{P(B)} = \frac{0.03 \times 0.4}{0.021} \approx 57.14\%$$

易知,这个次品最有可能来自丙产地。

下面以 breast_cancer 数据集为例,调用 Python 中 sklearn 库中 naive_bayes 模块中的 GaussianNB 方法来构建朴素贝叶斯分类模型,调用过程的伪代码如下。

```
导入 sklearn. datasets 作为 datasets
导入 sklearn. naive_bayes 作为 naive_bayes
```

```
数据集＝datasets.load_breast_cancer() ♯ 加载数据集
特征 X＝数据集.data
目标 Y＝数据集.target
测试集比例＝0.3
随机种子＝0
朴素贝叶斯分类器＝naive_bayes.GaussianNB()
分类器.fit(x_train,y_train) ♯ 训练模型
预测结果 y_hat＝分类器.predict(x_test) ♯ 预测结果
```

朴素贝叶斯模型是一种概率分类器，它基于贝叶斯定理，并假设特征之间相互独立。在给定类别标签的条件下，各个特征之间没有相关性。这个"朴素"的假设使得模型在处理高维特征数据时变得相对简单，计算成本较低。由于假设特征间相互独立，贝叶斯模型的计算复杂度相对较低。在处理大规模数据集时，训练和预测速度都相对较快。在医学领域，朴素贝叶斯模型可用于疾病诊断。特征向量可以是患者的症状、检查结果等。例如，根据患者是否发热、咳嗽、白细胞计数等特征，模型可以计算患者患有某种疾病（如肺炎）的概率。

5.4　聚 类 模 型

在数据科学领域，聚类模型是探索数据内在结构、挖掘潜在信息的重要工具，广泛应用于数据分析、机器学习和模式识别等多个方面，为数据驱动的决策提供了关键支持。

5.4.1　聚类概述

在数据科学与机器学习的广袤领域中，聚类作为一项基础性且极具价值的技术，占据着举足轻重的地位。它是探索数据内部结构、挖掘潜在信息的关键手段，为众多复杂的数据处理任务提供了不可或缺的支持。

聚类是将物理或抽象对象集合分组为多个类似对象类的分析过程。其核心目标是在没有预先定义类别标签的情况下，把数据集中的样本划分成不同的簇（Cluster），使同一簇内的样本具有较高的相似性，而不同簇之间的样本具有较大的差异性。例如，在一个包含众多水果数据的集合中，聚类算法可以将苹果、香蕉、橙子等按照它们各自的特征（如颜色、形状、大小、口感等）自动分成不同的簇，即便在事先不知道这些水果具体类别的情况下，也能通过聚类清晰地呈现出数据的内在分类结构。

聚类技术的起源丰富多元，在不同学科领域都能找到其思想雏形。在数学领域，早期的聚类思想与统计学中的分类分析紧密相关，通过对数据特征的量化分析来实现数据的分类。而在生物学中，聚类的概念也早已存在，生物学家们通过对生物特征的比较和分类，构建生物的分类体系，这一过程本质上也是一种聚类操作。随着时间的推移，聚类技术逐渐在计算机科学、数据挖掘等领域得到广泛应用和深入发展。

在数据科学的框架下，聚类分析是无监督学习的重要分支。与有监督学习不同，无监督学习没有给定的目标变量或标签，聚类算法直接从原始数据中发现模式和结构。聚类分析在数据处理流程中扮演着多重关键角色。首先，它能够帮助数据科学家快速了解数据的大致分布情况，为后续更深入的数据分析和建模提供基础。其次，聚类可以用于数据预处理，例如通过识别数据中的异常值和离群点，对数据进行清洗和筛选，提高数据质量。此外，聚类结果还能为决策制定提供直观的依据，在商业领域，通过对客户数据的聚类分析，可以将客户分为不同的细分群体，针对每个群体的特点制定个性化的营销策略，提升市场竞争力。

聚类算法种类繁多，但其基本步骤具有一定的共性。一般而言，聚类算法首先需要对数据进行预处理，包括数据清洗、标准化等操作，以确保数据的质量和一致性。然后，选择合适的聚类算法和相关参数，不同的聚类算法基于不同的原理和假设，例如基于原型的聚类算法以簇中心代表簇，基于密度的聚类算法依据样本分布的紧密程度来识别聚类结构，基于层次的聚类算法则通过构建树形聚类结构来实现聚类。在算法执行过程中，通常会从一个初始状态开始，通过迭代优化的方式不断调整簇的划分，直到满足一定的停止条件，如簇的划分不再发生明显变化，或者达到预设的迭代次数等。

总之，聚类作为数据科学领域的核心技术之一，具有广泛的应用前景和研究价值。从理论基础到实际应用，从算法设计到参数优化，聚类分析都为数据科学家提供了强大的工具和方法，帮助他们在海量的数据中发现隐藏的知识和价值。

接下来介绍一些常用的聚类方法以及经典的 K-Means 算法。

5.4.2　聚类方法

基于原型的聚类、基于密度的聚类以及基于层次的聚类是当前较为常见的聚类方法，它们各自基于独特的原理，在实际应用中展现出不同的特性与适用场景。

1. 原型聚类

基于原型的聚类方法，又称为原型聚类，其核心假设是数据的聚类结构能够借助一组具有代表性的中心点（即原型）予以表征。该方法的执行流程主要有原型的初始化以及迭代更新两个关键环节。在众多原型聚类算法中，K-Means 算法、学习向量量化算法以及高斯混合聚类算法是具有代表性的典型算法。

K-Means 算法是最为基础且应用广泛的原型聚类算法。它通过不断迭代，将每个样本分配到距离最近的簇中心所对应的簇中，并重新计算和更新簇中心，直至簇中心的变动幅度小于预设阈值，算法收敛。这种方法简单直接，计算效率较高，但需要预先设定簇的数量，且对初始簇中心的选择较为敏感，不同的初始值可能导致不同的聚类结果。

学习向量量化算法与传统聚类算法有所不同，由于其预设样本带有类别标签，在聚类过程中能够充分利用这些标签信息来辅助分类。这使得该算法在处理一些有监督信息参与的聚类任务时，能够获得更为准确和有效的聚类结果。例如，在图像分类任务中，结合少量已标注图像样本和大量未标注样本，利用学习向量量化算法可以提升图像聚类的准确性，进而更好地实现图像内容的理解和分类。

高斯混合聚类算法是一种基于概率的聚类方法，它假设数据是由多个高斯分布混合而成，每个高斯分布对应一个潜在的簇。通过对高斯分布的均值、协方差等参数进行估计，以此刻画数据的分布规律，从而实现聚类。该算法能够较好地处理具有复杂概率分布的数据，在处理一些连续型数据的聚类任务时表现出色，例如在语音识别中对语音特征的聚类分析。

2. 密度聚类

基于密度的聚类，也称作密度聚类，是一种依据样本分布紧密程度来识别聚类结构的方法。与其他聚类方法不同，该算法不依赖于预先设定的簇数量，而是将空间中密度较高的区域划分为簇，并且能够有效处理不规则形状的聚类以及识别噪声点。目前，密度聚类的主要算法包括 DBSCAN 算法、OPTICS 算法和 Mean-Shift 算法。

DBSCAN 算法引入了 ε-邻域、核心点、边界点等重要概念，通过密度直达、密度可达和密度相连的定义来准确识别簇。具体而言，在一个数据集中，如果一个数据点在其 ε-邻域内包含的样本数量不小于某个阈值 MinPts，则该点被定义为核心点；如果一个点不是核心点，但落在某个核心点的 ε-邻域内，则该点为边界点；如果两个点之间存在一条由核心点组成的路径，使得路径上的每个点都在其前一个点的 ε-邻域内，则这两个点是密度相连的。DBSCAN 算法无需预先指定簇的数量，能够发现任意形状的簇，并且能够有效地识别和处理噪声点，在处理空间数据、地理信息数据等方面具有显著优势。

OPTICS 算法是在 DBSCAN 算法基础上的改进，它通过引入核心距离和可达距离的概念，有效降低了算法对参数的敏感性。核心距离是指一个点成为核心点时所需的最小邻域半径，可达距离是指从一个核心点到另一个点的距离，取两者之间的较大值。OPTICS 算法通过计算每个点的核心距离和可达距离，并创建可达性距离图，能够更为准确地确定聚类结构。这使得该算法在处理大规模数据时，能够更加稳定地发现数据中的聚类模式，在物联网数据处理、传感器数据聚类等领域得到广泛应用。

Mean-Shift 算法是一种非参数聚类方法，其核心思想是通过寻找密度峰值来确定聚类中心。在迭代过程中，数据点不断向其邻域的平均位置移动，直至收敛形成稳定的聚类中心。该算法不需要预先设定任何参数，只需要根据数据的分布情况自动确定聚类的数量和中心位置。在图像分割、目标跟踪等计算机视觉领域，Mean-Shift 算法有着重要的应用，例如通过寻找图像中像素点的密度峰值来实现对不同物体的分割和识别。

3. 层次聚类

基于层次的聚类方法，简称层次聚类，是一种构建树形聚类结构的方法。它通过在不同层次上对数据集进行划分，从而形成层次化的聚类结果，无需预先设定聚类数量。该方法主要分为凝聚型和分裂型两种形式，分别采用"自底向上"和"自顶向下"的策略。

凝聚型层次聚类算法从每个数据点作为单独的簇开始，然后通过迭代的方式，不断寻找并合并距离最近的簇，直至满足预设的停止条件。在这个过程中，定义簇间的距离度量和合并策略是算法的核心。在不断合并簇的过程中，为了确定哪些簇应该合并，需要定义簇间的距离度量和合并策略，常见的簇间距离度量方法包括最短距离（单链接）、最长距离（全链接）、平均距离（平均链接）等。最短距离是指两个簇中距离最近的两个点之间的距离；最长距离是指两个簇中距离最远的两个点之间的距离；平均距离则是指两个簇中所有点对之间距离的平均值。不同的距离度量方法会导致不同的聚类结果，用户需要根据具体的数据特点和应用需求进行选择。

分裂型层次聚类算法则从所有数据点初始化为一个簇开始，通过逐步分裂簇来构建簇的层次结构。在每次迭代中，选择合适的分裂标准对当前簇进行分裂，直至满足停止条件。分裂标准的选择是分裂型层次聚类算法的关键，常见的分裂标准包括选择方差最大的维度进行分裂，或者考虑特征信息增益进行分裂。例如，选择方差最大的维度进行分裂，是因为方差较大意味着该维度上的数据分布较为分散，将该维度作为分裂依据可以更好地将数据划分成不同的簇；而考虑特征信息增益进行分裂，则是基于信息论的原理，选择能够最大程度增加簇间信息差异的维度进行分裂。

层次聚类的优点在于其能够以直观的树状图形式展示聚类结果，这种可视化方式有助于用户更好地理解数据的层次结构和内在关系。同时，由于无需预先设定聚类数量，层次聚类在处理一些数据分布不明确的数据集时具有较高的灵活性。然而，该方法也存在一些局限性，如计算复杂度较高，随着数据量的增加，计算量呈指数级增长，因此对大规模数据集的处理效率较低；此外，层次聚类对噪声和异常值较为敏感，少量的噪声和异常值可能会对聚类结果产生较大的影响。

5.4.3 K-Means 算法

K-Means 算法是一种经典的聚类分析方法，其思想来源于统计学中的均值等基本概念，在聚类过程中，簇中心可以看作是簇内数据点的均值，通过不断更新簇中心，使簇内数据点与簇中心的距离（方差）最小化，以实现数据的聚类。其中，样本间距离度量一般使用欧氏距离，也可使用曼哈顿距离等测度，不同距离度量标准对聚类结果会产生一定的影响。K-Means 算法的主要步骤为：

（1）初始化。随机选择 K 个数据点作为初始的簇中心（质心）。

（2）分配样本。对于任意样本，计算其与各个簇中心的距离，并将样本分配给最近的簇中心，形成 K 个簇。

（3）更新簇中心。对于每个簇，重新计算簇中所有样本的均值，并将该均值设置为新的簇中心。

（4）迭代优化。重复上述步骤，直至满足终止条件。

当簇中心的变化小于给定阈值时，意味着在连续迭代中簇中心划分收敛。

（5）结果输出。输出最终的簇中心和每个样本所属的簇。

K-Means 算法通过迭代过程不断调整聚类结果，以实现簇内对象的紧密性和簇间对象的分离性，优化过程基于误差平方和（SSE）等目标函数，以量化对象到其聚类中心的距离总和。该算法适用于将数据点划分为互斥簇的问题，确保每个数据点仅属于一个簇。

尽管 K-Means 算法因其简单性、高计算效率和易实现性而受到青睐，但其对初始聚类中心的选择敏感，存在陷入局部最优的风险，并要求预先设定聚类数量 K。因此，实施K-Means 算法时，需根据具体问题和数据特性精心选择初始聚类中心、K 值和优化策略，以优化聚类效果。

运用 Python 实现 K-Means 聚类算法调用，伪代码如下所示。

```
# 导入 sklearn.datasets 模块中的 make_blobs 函数
# 导入 sklearn.cluster 模块中的 KMeans 类
from sklearn.datasets import make_blobs
from sklearn.cluster import KMeans


# 设置参数
n_samples＝300
n_features＝2
n_clusters＝3


# 生成模拟数据
X，y＝make_blobs(n_samples＝n_samples，n_features＝n_features，centers＝n_clusters，random
_state＝42)


# 初始化 KMeans 算法
kmeans＝KMeans(n_clusters＝n_clusters，random_state＝42)


# 训练 KMeans 模型
kmeans.fit(X)


# 获取聚类结果和聚类中心
labels＝kmeans.labels_
centers＝kmeans.cluster_centers_
```

5.5　神经网络模型

    1943 年，沃伦·麦卡洛克（Warren McCulloch）和沃尔特·皮茨（Walter Pitts）提出了 McCulloch-Pitts 神经元模型，这是第一个形式化的神经元模型，奠定了神经网络研究的基础。近年来，以优化理论、梯度下降等基础理论的丰硕成果为神经网络的建模和训练提供了理论基础。

5.5.1　神经网络

    神经网络是模仿动物和人类神经系统特征进行分布式并行信息处理的模型，通过把大量神经元节点连接起来，调整节点间的连接强度，从而实现分类和预测。

    神经元作为神经网络的基本单元，仿照生物神经系统的工作模式。具体而言，神经元会接收来自其他神经元的输入信号，然后依据特定的激活函数，去计算该信号是否足以触发阈值，以此来决定是否通过轴突将信号传递至其他神经元。

    感知机是神经网络的一种基础形式。它把向量形式的输入 x，通过权重向量 $\boldsymbol{\omega}$ 和偏置 b 进行线性组合，再经过激活函数 $f(\cdot)$ 映射得到输出值 y，即 $y＝f(\boldsymbol{\omega}\cdot x＋b)$。

早期简单的感知机常采用阶跃函数作为激活函数，当 $\boldsymbol{\omega} \cdot \boldsymbol{x} + b \geqslant 0$ 时，$y=1$；当 $\boldsymbol{\omega} \cdot \boldsymbol{x} + b < 0$ 时，$y=-1$。在现代神经网络应用中，常用的激活函数有 Sigmoid、Tanh 等，它们具有更平滑的曲线和良好的数学性质，能够更好地处理复杂的非线性问题。

感知机是简单的神经网络模型，是最早的人工神经网络模型之一。感知机的工作原理为：感知机接收多个输入信号，通过加权求和并加上偏置值，再通过一个激活函数将结果转化为输出信号。其中，激活函数通常是一个阶跃函数，当输入信号达到一定阈值时，输出层就会产生一个输出信号。感知机的学习策略是将损失函数最小化，现定义损失函数为 $L(\boldsymbol{\omega}, b) = -\sum_{x_i} y_i(\boldsymbol{\omega} \cdot \boldsymbol{x}_i + b)$，经计算损失函数的梯度后，随机选取一个误分类点对参数进行更新：$\boldsymbol{\omega} \leftarrow \boldsymbol{\omega} + \eta y_i \boldsymbol{x}_i$，$b \leftarrow b + \eta y_i$，其中，$\eta(0 < \eta \leqslant 1)$ 是学习率。重复上述计算预测输出、判断误分类样本和更新权重偏置的过程，直到满足一定的停止条件。

感知机的工作原理本质上是通过不断调整权重和偏置，找到一个合适的超平面，将不同类别的样本分隔开，从而实现对样本的分类。这个过程是基于误分类驱动的，通过逐步修正误分类样本，使模型逐渐趋于最优。

若数据是线性可分的，则存在一个超平面能将其分开，使得感知机的学习过程收敛，从而得到参数 $\boldsymbol{\omega}$，b；但对于非线性可分的数据，不同类别的样本之间不存在一个线性边界能够将它们完全分隔开。例如，感知机无法解决异或等问题。就此问题，将介绍多层神经网络。

为克服单层感知机无法解决非线性问题的局限性，多层神经网络（多层感知机）应运而生。输入层负责接收外界输入信号，并将其传递给其他层。输出层负责输出预测结果。在输入层与输出层之间增设的层级被称为隐藏层，其中，隐藏层的神经元对输入特征进行非线性变换，提取更高级的特征表示。最基本的多层神经网络是前馈神经网络，其特点是每层节点仅与下一层节点相连，实现层间的单向信号传递。此类网络的学习机制与感知机相似，均通过反复训练数据集，逐步调整神经元的权重和阈值，以期达到收敛并得出正确结果。

反向传播（Backpropagation，BP）算法建立在梯度下降理论基础上，其由激励传播、权重更新等环节反复循环迭代，直到网络对输入的响应达到预定的目标范围为止。此算法的学习过程由正向传播和反向传播组成。其中，在正向传播过程中，输入样本从输入层传递至输出层，计算各层神经元的激活值，并通过激活函数传递至下一层。若输出层的实际输出与期望输出存在偏差，则触发误差的反向传播；若两者一致，则学习算法终止。在反向传播过程中，基于前向传播得到的激活值，计算每层参数的梯度，并从输出层向输入层逆向更新参数。这一过程通过梯度下降法实现，不断调整神经元的权重和阈值，使得误差最小化。

尽管 BP 算法能有效处理复杂的非线性问题且易于实现，但存在一定的局限性，如易陷入局部最优解、对初始权重较为敏感，以及在特定条件下训练速度缓慢。为应对这些问题，数据科学研究者们提出了多种优化策略，以提升训练效率和模型性能。

5.5.2　深度学习

面对复杂学习任务时，参数增加和模型复杂度的提升在理论上一定程度上增强了模型性能。然而，在实际操作中，增加参数和复杂度提升导致模型训练难度进一步增加，学习效率下降，同时增加过拟合的风险。深度学习模型通过增加隐含层数量来增强模型的表达能力，因此该模型研究及应用成为了数据科学研究领域的热点。

深度学习涉及构建和训练具有多个隐含层的深层神经网络，从大量数据中学习数据的高层次特征和抽象表示，实现对数据的分类和预测的方法。现已在图像识别、语音识别和自然语言处理等应用中取得了突破性进展。深度学习发展得益于深层神经网络训练效率提升理论方法的发现，使得这些模型变得更加实用。

下面介绍几种典型的深度学习的方法。

1. 卷积神经网络

卷积神经网络（Convolutional Neural Network，CNN）是应用于计算机视觉和声学建模等领域的深度前馈神经网络，其核心特点在于采用权值共享策略，通过一组神经元共享相同权重来显著降低训练成本。CNN 通过小尺寸的卷积滤波器（卷积核）在图像上滑动，以提取特定特征，从而减少训练参数的数量，降低训练复杂度。

CNN 能够直接从像素级图像中提取视觉模式，识别出具有高度变异性的模式，并对图像的失真和简单的几何变换展现出较强的鲁棒性。CNN 的网络结构充分考虑了图像中局部像素之间的强相关性以及与远距离像素的弱相关性。因此，每个神经元仅需对局部区域进行感知，而全局信息则通过高层网络结构对局部信息的整合而得到。这种从局部到全局的信息处理机制，使得 CNN 在图像识别任务中表现出色。

2. 自编码器

自编码器（AutoEncoder，AE）是无监督神经网络模型，旨在学习数据的低维表示。该模型由编码器和解码器两个部分组成，其运作机制涉及将输入数据通过编码器压缩至低维编码空间，并由解码器从该编码空间重构输入数据。编码器由一系列隐藏层构成，通常通过逐步降低维度来执行特征提取和数据压缩。解码器的结构通常与编码器相反，解码器通过逐步增加维度来尝试恢复原始数据。

AE 的训练过程大致步骤为，设置网络架构和层数、神经元数等参数。输入数据通过编码器生成潜在表示，并经过解码器生成重构数据。在此基础上，计算原始数据与重构数据之间的误差。并根据损失函数的梯度更新网络参数，多次迭代后，直到模型能够较好地重构输入数据。

3. 循环神经网络

循环神经网络（Recurrent Neural Network，RNN）是一种专门处理序列数据的时间递归神经网络模型，其核心特性是将先前信息的记忆融入当前输出的计算中。与常规神经网络不同，RNN 的隐藏层节点相互连接，前一隐藏层的输出作为后一隐藏层的输入，从而实现信息的连续传递。RNN 广泛应用于机器翻译、文本生成和语音识别等领域。然而，RNN 存在局限性，包括对输入信息的递减敏感性和短期记忆问题，这些限制了其处理长序列数据的能力。

此外，图卷积网络（GCN）、深度置信网络（DBN）和生成式对抗网络（GAN）等也是较为常见的深度学习方法，由于篇幅所限，这里不再详细展开。

5.5.3 神经网络与深度学习的应用

在当今数字化时代，神经网络与深度学习技术已深度融入人们生活的各个领域，展现出强大的应用潜力与价值。下面将分别介绍神经网络与深度学习在不同场景下的典型实例。

1. 神经网络的应用

（1）图像识别领域。在图像识别任务中，CNN 是一种极为经典且应用广泛的神经网络架构。以人脸识别系统为例，CNN 通过构建多个卷积层、池化层和全连接层，自动提取人脸图像中的关键特征，如眼睛、鼻子、嘴巴的形状和相对位置等。首先，卷积层中的卷积核在图像上滑动，提取图像的局部特征，不同的卷积核可以提取不同类型的特征，如边缘、纹理等；池化层则对卷积层提取的特征进行降维，减少计算量的同时保留关键信息；最后，全连接层将经过多次特征提取和降维后的特征向量进行整合，通过分类器判断输入图像是否属于已知人脸库中的某个人脸。利用 CNN 构建的人脸识别系统，在安防监控、门禁系统等场景中发挥着重要作用，极大地提高了身份验证的准确性和效率。

（2）语音识别领域。RNN 及其变体，如长短期记忆网络（LSTM）和门控循环单元（GRU），在语音识别任务中表现出色。语音信号是一种典型的时间序列数据，RNN 能够处理这种具有时间序列特性的数据，通过记忆和处理序列中前后信息的依赖关系，实现对语音内容的准确识别。例如，在智能语音助手系统中，用户输入的语音首先被转换为音频特征序列，然后输入到基于 LSTM 的语音识别模型中。LSTM 通过其独特的门控机制，能够有效地处理语音信号中的长距离依赖问题，准确地将语音转换为文本，使得智能语音助手能够理解用户的指令并做出相应的回应，广泛应用于手机语音助手、智能音箱等产品中。

2. 深度学习的应用

（1）知识图谱领域。知识图谱作为一种高效的知识描述、组织和存储方式，在构建过程中，深度学习技术发挥着关键作用。在知识表示环节，CNN、GCN、RNN 等深度学习模型凭借强大的特征提取能力，自动从海量数据中挖掘关键特征，并通过空间嵌入捕获知识之间的复杂关系，实现知识的精准表达。例如，GCN 专门针对图结构数据，通过在图上进行卷积操作，有效聚合节点的邻域信息，实现对图中节点和边所蕴含知识的表示。在知识抽取方面，深度学习在实体识别、关系抽取和事件抽取中表现出色。基于 LSTM-CRF 的模型在实体识别中，结合 LSTM 对序列信息的处理能力和 CRF 对标注结果的约束能力，准确识别文本中的各种实体。在关系抽取中，基于注意力机制的神经网络模型通过对数据的深入理解和语义结构的分析，自动捕捉实体之间的语义关系。在事件抽取中，基于 Transformer 架构的模型通过自注意力机制对文本进行全局建模，准确提取事件的关键要素。在知识融合环节，基于知识图谱嵌入的深度学习方法，将不同知识图谱中的实体和关系映射到同一低维向量空间，通过计算向量之间的相似度完成知识的融合。

（2）医疗领域。深度学习在医疗领域的应用也十分广泛，特别是在医疗影像诊断辅助方面。以肺部 CT 影像诊断为例，深度学习模型可以对大量的肺部 CT 图像进行学习，自动提取图像中的特征，如肺部结节的大小、形状、密度等。通过卷积神经网络构建的肺部结节检测模型，能够快速准确地检测出 CT 图像中的肺部结节，并对结节的良恶性进行初步判断。医生可以参考深度学习模型的诊断结果，进行疾病诊断，提高诊断的准确性和及时性，为患者的治疗争取宝贵的时间。

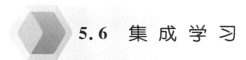

5.6　集 成 学 习

集成学习理论来源于 20 世纪 60 年代的随机森林算法和 Bootstrap 方法，考虑平衡性问题，集成学习提供较为理想的方式解决了模型的复杂度和泛化能力间的矛盾。接下来，介绍集成学习的内容。

5.6.1　集成学习概述

集成学习基于"集体智慧"，旨在通过融合多个学习器的预测结果来提升整体性能的技术，涉及分类准确性、模型稳定性以及泛化能力等。该技术是一种综合多个独立学习器的机器学习范式，基于"集体智慧"原则，构建并结合多个基学习器（弱学习器）来完成学习任务，实现超越单一学习器的泛化性能。

当集成中的所有个体学习器属于同一类型时，该集成称为同质集成，其中的个体学习器被称作基学习器，而相应的学习算法则被称为基学习算法。若集成中的个体学习器包含不同类型的模型，则该集成被定义为异质集成，其中的个体学习器称为组件学习器。集成学习中不同结合策略决定如何组合多个学习器的预测结果。

常见的集成学习结合策略如下：

1. 投票

在分类任务中，投票机制是一种基础而直接的集成策略，通过整合各个弱学习器的预测来确定最终类别标签，其中分为硬投票和软投票两种形式。硬投票是各学习器直接对类别投票，所得票数最多的类别被选为预测结果。软投票是学习器为每个类别提供概率估计，由此计算概率的加权平均值来确定最终类别，概率最高的类别被认定为预测输出。

2. 平均

在回归问题中，平均是一种常见的结合策略。每个学习器给出一个数值预测结果，最终的预测结果是所有学习器预测结果的平均值。平均方法有算术平均、加权平均等。通常情况下，当个体学习器性能差异较大时，采用加权平均法。当个体学习器差异较小时，采用算术平均法。

3. 堆叠

堆叠是较为复杂的结合策略，涉及使用一个元学习器来组合多个基学习器的预测结果。堆叠具体过程为：首先，将训练集分成若干折；其次，在每一折上训练不同的基学习器；再次，使用这些基学习器对剩余的折进行预测；最后，将所有基学习器的预测结果作为输入，训练一个元学习器，用于产生最终的预测结果。

对于集成学习方法目前可以将其分为两大类：序列化方法（Boosting）和并行化方法（Bagging）。生成序列化方法的个体学习器之间具有强依赖关系，而生成并行化方法的个体学习器不存在强依赖关系，现介绍上述两种方法。

5.6.2 序列化方法

Boosting 是一种串行集成学习技术，通过迭代训练一系列弱学习器，并对样本权重进行动态调整以响应前一轮学习器的预测误差。该方法的核心在于将弱学习器的预测结果进行加权求和，以此将多个弱学习器集成为一个强学习器。Boosting 的基本理念是在已有弱学习器的基础上，通过累加预测结果来提升模型性能，从而构建一个强预测模型。此方法同样适用于回归和分类问题。

在 Boosting 算法中，权重调整策略是其关键组成部分。在每一轮迭代中，算法依据前一轮学习器的预测误差来调整样本权重，以增强模型对错误预测样本的关注。具体而言，对于被错误分类的样本，其权重在后续迭代中会增加，而对于正确分类的样本，其权重将会降低。这种权重调整机制使得后续的弱学习器能够更加集中于前一轮中被错误分类的样本，逐步提升整体模型的性能。

Boosting 系列算法里最著名算法有 AdaBoost 算法和提升树（Boosting Tree）系列算法。现重点介绍 AdaBoost 算法的原理和实现。

算法的核心特点在于其自适应性和加权机制。首先，AdaBoost 算法能够根据前一轮弱学习器的分类结果自适应地调整样本权重，使得后续弱学习器能够更加注重那些被错误分类的样本。其次，AdaBoost 算法为每个弱学习器分配一个权重，其中权重反映了该弱学习器在最终分类器中的重要性。通过加权组合多个弱学习器的预测结果，AdaBoost 算法能显著提高分类器的性能。例如，在图像识别中，AdaBoost 算法可以帮助人们识别出图像中的人脸区域，利用 AdaBoost 算法进行训练，可以得到准确检验人脸的分类器。

AdaBoost 算法的具体实现步骤为：首先，初始化样本权重，其中样本权重之和为 1；其次，采用迭代的方法来训练基学习器，并计算基学习器的分类错误率，再根据分类错误率计算基学习器的权重，其中，错误率越低，权重越高；再次，更新样本权重，提高被错误分类样本的权重，降低被正确分类样本的权重；最后，将基学习器的预测结果进行加权投票来得到最终预测结果。

AdaBoost 算法通过组合多个分类器，增强了最终强学习器的分类精确度与鲁棒性。加之，可以适应多种类型的基分类器，能有效处理不平衡数据集等诸多问题。然而，该算法对噪声数据和异常值较为敏感，过分依赖弱分类器，且由于最终模型为一个加权的弱分类器集合，使得理解模型的决策过程相对困难。现以 wine 数据集为例，采用 sklearn.ensemble 中 AdaBoostClassifier 方法训练 AdaBoost 模型的预测准确率，伪代码如下所示，其中，弱学习器的数量由参数 n_estimators 来控制，弱学习器的数量为 120 个。

```
# 导入 sklearn.ensemble 模块中的 AdaBoostClassifier 类
from sklearn.ensemble import AdaBoostClassifier


# 导入 sklearn.datasets 模块中的 load_wine 函数
from sklearn.datasets import load_wine


# 设置弱学习器的数量
```

```
n_estimators=120

# 获取 wine 数据集
wine=load_wine()

# 初始化 AdaBoostClassifier 对象
ada_classifier=AdaBoostClassifier(n_estimators=n_estimators)

# 训练 AdaBoost 模型
ada_classifier.fit(wine.data, wine.target)

# 计算并预测准确率
accuracy=ada_classifier.score(wine.data, wine.target)
```

5.6.3 并行化方法

相较于序列化方法生成方式，并行化方法中，个体学习器之间不存在强依赖关系，可同时生成。并行化方法的计算效率高，适用于数据集较大、计算资源充足的场景。接下来，介绍 Bagging 算法和随机森林算法。

Bagging 算法，也称引导聚集算法，是并行化集成学习中的经典。Bagging 算法的核心机制为，从训练数据集中进行有放回的随机抽样，独立生成 S 个子数据集，从而基于这些子数据集训练出 S 个独立的基学习器，进而形成集成模型。例如，在分类任务中，Bagging 算法通过多数投票法确定最终预测结果。

值得注意的是，Bagging 算法生成的每个子数据集通常具有与原始数据集相同的样本量，且通过有放回的抽样方式使得每个子数据集包含重复样本并具有差异性，以此构建多个不同的学习器。这样做可以确保模型训练的有效性，并充分利用原始数据集中的信息。

随机森林的数学原理涉及随机抽样、特征选择、决策树构建和集成方法。随机森林是一种基于 Bagging 的集成学习方法，通过引入特征选择，提高了模型的性能和泛化能力。每棵决策树的构建过程为，从训练数据集中使用有放回抽样选取样本生成多个子数据集。在每个子数据集上，随机选择部分特征训练决策树，重复上述过程后，生成多棵决策树。再根据分类问题或回归问题，通过投票或平均的方式，将多个决策树的预测结果进行集成，得到最终的预测结果。

随机森林算法通过在不同子样本和特征子集上构建多个决策树，有效降低模型方差，减少过拟合，提高预测准确性。它对噪声数据和异常值具有强鲁棒性，能处理不平衡数据。此外，随机森林可评估特征重要性，识别关键特征，帮助特征选择和数据理解。其并行化特性使其能高效处理大规模数据，适用于多种实际应用场景。

本 章 小 结

本章系统地阐述了数据科学模型，涵盖机器学习、回归分析、分类、聚类、神经网络和集成学习等关键领域，旨在构建数据科学模型基础认知体系。机器学习作为基石，介绍定义、发展历程、基本术语及模型评估方法，为后续学习奠基。回归分析涉及线性和逻辑回归模型，前者探寻线性关系预测数值，后者专注分类预测概率，应用广泛。分类模型中，决策树以树形展示决策过程，支持向量机通过最优超平面分类，在高维数据处理优势明显，朴素贝叶斯基于概率理论在文本分类出色。聚类模型先概述概念，再介绍方法，K-Means 算法简单高效却对初始值敏感。神经网络模型从基础结构原理讲到深度学习，阐述其在知识图谱、图像语音处理等领域的应用。集成学习介绍核心概念与构建方法，能提升模型性能与泛化能力。通过本章学习，读者全面认识常见模型类型、原理和应用场景，为深入研究和应用数据科学模型提供有力支撑。

习　题　5

1. 简述支持向量机模型的基本原理，包括其目标和关键概念。
2. 简述机器学习中监督学习与无监督学习的主要区别，并举例说明。
3. 罗列 K-Means 聚类算法的主要步骤。
4. 罗列深度学习中常见的方法。
5. 试对比分析集成学习中的 Boosting 和 Bagging 方法的主要区别，并说明其应用场景。

第6章 大数据处理技术

知识目标：

1. 了解云计算的概念，熟悉常见的云计算平台。
2. 熟悉 Hadoop 及其生态系统。
3. 熟悉 Spark 及其生态系统。

能力目标：

1. 运用 Hadoop 搭建云计算平台。
2. 运用 Spark 搭建云计算平台。

课程思政： 大数据时代带来机遇与挑战，树立自强不息的精神，掌握大数据处理的核心技术，积极参与国家大数据战略，推动我国大数据产业发展，助力国家在全球数字化竞争中赢得优势。

在数字化时代，数据量爆发式增长，数据科学的发展离不开高效的大数据处理技术，这也是推动各行业发展的关键。云计算依托网络构建可伸缩、弹性的计算资源共享池，通过 IaaS、PaaS、SaaS 等服务，为数据科学提供强大计算能力与灵活资源调配。Hadoop 具备分布式存储和计算特性，借助 HDFS、YARN、MapReduce 等组件，能高效处理数据科学中的大规模数据集。Spark 作为快速通用的计算引擎，凭借卓越的内存计算能力，满足数据科学中实时高效的应用需求。接下来，我们将深入探究这些技术。

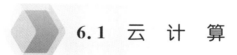

6.1 云 计 算

2006 年 8 月，云计算（Cloud Computing）概念的首次提出标志着互联网发展进入新阶段，被视为互联网的第三次革命。服务器多核处理器的普及极大程度上提升了计算能力，高速宽带网络的广泛覆盖保障了数据的快速传输，为云计算的运行提供了强大的基础设施支持。虚拟化技术突破使得单台物理服务器能够虚拟出多台虚拟机，从而实现资源的高效利用与灵活分配。面对海量数据和多元化的应用需求，云计算和大数据处理技术的重要性愈发凸显，两者共同推动了各行业的数字化转型，帮助企业提高业务效率和增强创新能力。

6.1.1 云计算的概念

云计算是一种依托网络，将具备可伸缩性和弹性的计算资源共享池提供给用户的使用模式。云计算本质上属于分布式计算的范畴，借助特定技术手段，把规模较为庞大的数据计算处理程序分解为众多的小程序，再由多台服务器所构建的系统实施分析和处理，最终将处理结果反馈给用户。凭借上述分布式计算模式，用户能在较短时间内高效完成海量数据的处理任务，显著提升网络服务效能。

需要说明的是，云计算并非一项全新的独立技术，它通过整合传统技术，打造基于互联网的新型服务模式，涵盖服务的增加、使用以及交付等多个关键环节。相较于传统的网络应用模式，云计算具有六个方面的优势。

1. 动态可扩展

云计算系统具有较强的自适应能力，能够精准契合用户多样化需求，并敏锐感知需求的动态变化。借助智能化算法，它能高效地调整资源分配与计算能力，实现资源利用的最大化，持续优化系统性能，为用户提供稳定、高效且极具弹性的云服务体验。例如，电商网站在特定促销活动等流量高峰时段，云计算系统能够自动为其分配更多资源，以应对大量用户访问，保障用户拥有流畅的购物体验。

2. 灵活性较高

云计算服务可以通过多种网络接入方式使用，且支持多种终端设备接入。虚拟化要素都被整合至云计算的资源虚拟池中进行统一管理。同时，云计算不仅能兼容低配置设备及各类硬件产品，也能借助外部设备实现更高计算性能。

3. 可靠性较高

与传统数据中心相比，在可靠性方面云计算服务的表现良好。当单点服务器遭遇故障时，借助虚拟化技术，原本部署在故障服务器上的应用能够迅速在其他正常运行的物理服务器上恢复运行。并且这种可靠性还体现为能有效避免因服务器故障而导致的数据丢失和系统宕机风险，从而保证业务的连续性和数据的完整性。

4. 性价比高

与传统数据中心初始投资成本昂贵相比，利用虚拟资源池统一管理，云计算一定程度上优化了物理资源。例如，企业只需按需租用云资源，用普通的 PC 机作为终端设备连接云端，即可获得强大的计算能力，从而大幅削减了投资成本。

5. 虚拟化技术

虚拟化技术是云计算的核心，它能将实体资源转变为可自由划分的逻辑资源，实现资源的高效整合与严格隔离，打破时空界限的限制，这是云计算的显著特征之一。虚拟化技术主要分为应用虚拟化和资源虚拟化两种类型。基于虚拟化技术，物理平台与应用部署环境不再受空间限制，用户借助虚拟平台能够对终端进行操作，实现数据备份、迁移与扩展等功能。

6. 按需部署

用户可以根据实际需求，随时申请和释放计算、存储、网络等资源。用户能够根据不同的业务需求，迅速调配相应的计算能力与资源，高效满足多样化的应用运行需求，极大提升了资源利用效率和业务开展效率。

6.1.2　云计算的服务类型

云计算的服务类型(图 6 - 1)通常被分为三个层次：基础设施即服务(Infrastructure as

a Service，IaaS)、平台即服务(Platform as a Service，PaaS)和软件即服务(Software as a Service，SaaS)。针对以上服务类型，现做详细介绍。

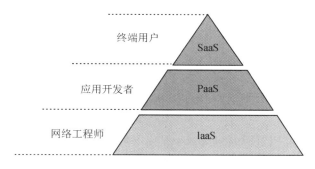

图 6-1　云计算的三类服务类型

IaaS 位于云计算架构的底层，借助虚拟化技术整合服务器、存储及网络资源，通过 API 接口经互联网向用户出租虚拟机、存储空间等计算资源，用户无需购置和维护物理硬件，仅需购置 IaaS 服务，便可获取相应资源。IaaS 服务提供商承担底层硬件的管理与维护职责，而用户则负责操作系统、应用程序及数据的管理工作。例如，Amazon Web Services（AWS)的 EC2、Google Compute Engine、Microsoft Azure 虚拟机服务等。

PaaS 位于云计算架构的中间层，构建在 IaaS 之上，通过互联网提供一个平台，让开发者可以开发、运行和管理应用程序而不必构建和维护底层的硬件和软件基础设施。PaaS 提供了一系列开发工具、数据库管理系统、应用程序运行环境等，开发者可以利用这些资源快速搭建应用框架，专注于业务逻辑的开发，从而无论是初创企业还是大型企业都能够快速构建、测试和交付高质量的软件产品。借助 PaaS，用户可以获得一系列用于软件应用开发的组件和运行环境，包括但不限于数据库管理、开发工具、应用程序监控等。例如，腾讯云、阿里云等。

SaaS 位于云计算架构的顶层，是直接面向用户的成熟且高度集成的应用层服务。通过互联网，SaaS 提供商向用户交付完整的应用程序，用户可以直接通过网络浏览器或轻量级客户端访问这些软件服务，而无需在本地安装和维护任何软件。SaaS 的一个显著特点是其多租户架构，允许多个用户或组织共享同一个应用程序实例，从而提高了资源利用率并降低了成本。此外，这种架构不仅简化了软件版本的管理和升级过程，还使得新功能可以快速推送给所有用户。例如，Google Workspace(Gmail、Google Docs)、Microsoft Office 365 等。

在云计算领域中，从底层基础设施、开发平台和用户应用等层面，IaaS、PaaS 和 SaaS 各司其职。合理利用上述模型，企业能获得灵活且可扩展的解决方案，从而实现更高的业务价值，并显著提升用户体验。

6.1.3　云计算的部署方式

云计算的部署方式通常分为四种类型：公有云(Public Cloud)、私有云(Private Cloud)、社区云(Community Cloud)和混合云(Hybrid Cloud)。每种部署方式均具备其独特的优势、局限性以及最适合的应用场景，能够满足不同用户的需求和业务目标。通过理解这些部署方式，开发者和企业可以根据实际需求选择最合适的云计算解决方案。以下将对四种部署方式进行简单介绍。

1. 公有云

公有云是由第三方提供商（如 Amazon Web Services、Microsoft Azure 和 Google Cloud Platform）提供的云服务，面向大众用户开放。用户通过互联网访问服务，并按照使用量付费。公有云具有以下特点：

多租户架构：同时支持多个用户（租户）共享云资源，资源动态分配，租户释放资源后可立即供其他用户使用。

资源共享：采用大范围资源共享模式，优化了物理资源利用率。

按需付费：用户根据实际使用的计算资源和存储容量付费，有效降低成本。

公有云优势在于成本效益高、易于访问和扩展性强。公有云通过网络提供服务，用户无需担心安装和维护问题，可以专注于业务发展。但是，因为公有云服务由提供商集中管理与运营，对于数据安全有着极高要求的企业来说，可能较难达到其期望标准。因此，公有云适合中小型企业或短期项目，尤其在成本控制至关重要且数据安全需求相对宽松的场景下，公有云是较为理想的选择。

2. 私有云

私有云是为企业单独构建的云服务。私有云可以部署在企业内部或由可信的第三方托管，成本相对较高。私有云具有以下特点：

专属性：只有特定的用户或机构可以访问和使用私有云，确保数据和应用的安全性。

控制权：拥有者对私有云具有完全的访问和控制权限。

资源优化：在有限的范围内精准调配资源，满足对数据安全和隐私保障要求较高的企业需求。

尽管托管型私有云促进了资源一定程度的共享，但在大规模物理资源利用效率上仍存局限。因此，私有云成为金融、医疗等对数据掌控与安全防护有着较高追求企业的理想选择。

3. 社区云

社区云介于公有云和私有云之间，是专为多个小型但对数据敏感的行业客户联合设计的云解决方案。它由若干具有相似业务需求和合规性要求的组织共同使用，具备较高的安全性和一定的成本效益。社区云具有以下特点：

联合使用：多个客户联合建立一个云平台，共享资源和服务。

行业敏感性：适合对政策和管理有特殊要求的行业企业，如医疗、金融等。

安全性和合规性：在保证资源共享的同时，确保数据的安全性和合规性。

社区云通过整合资源，既满足特定行业的严格要求，又实现了资源优化与成本节约，是中小规模敏感行业客户的理想选择。

4. 混合云

混合云是将公有云、私有云和社区云结合在一起的云计算模式。它允许企业在不同的云环境中灵活地分配工作负载。混合云具有以下特点：

灵活性：可以根据需求动态调整计算和存储资源，兼具公有云的灵活性和私有云的安全性。

平滑过渡：在当前，公有云在满足特定行业严格合规性及部分高性能需求方面存在一定局限，私有云则面临较高的运维成本与技术门槛。在此阶段，混合云成为一种理想的过渡方式。

资源优化：结合多种云计算模式，充分利用各自的优点，实现更高效的资源管理和利用。

混合云融合了多种云环境的优势，为企业提供了较强的灵活性和恢复能力，适合那些需要在公有云、私有云或本地数据中心之间灵活切换的企业。随着企业对云服务需求的日益复杂，混合云的市场占比有望在未来短时间内显著攀升。但是，这种模式也提升了成本和管理的复杂性。

通过上述介绍，相信读者已经对各种云计算部署方式的特点和适用场景有了清晰的认识。企业和用户应根据自身的业务需求、安全要求和成本预算等，选择适合的云计算模式，从而充分挖掘云计算的潜力，使其价值最大化。

6.1.4　云计算平台

阿里云、腾讯云、亚马逊云计算服务（Amazon Web Services，AWS）以及微软 Azure 是当前市场上较为典型的云计算平台，各自具备独特的优势和技术特色，并为用户提供精细化的服务与支持。现介绍上述云计算平台。

阿里云成立于 2009 年，已发展成为一站式的云服务平台。作为阿里巴巴集团的数字技术与智能骨干业务，阿里云向全球客户提供全面的云服务，涵盖弹性计算、存储服务、网络安全、数据库服务等核心领域。其中，在网络安全方面，阿里云云服务提供 DDoS 防护、Web 应用防火墙等一系列网络安全服务，确保云上业务的安全性和稳定性。阿里云云服务广泛应用于电子商务、金融服务等。例如，"双十一"购物节期间，云服务利用大规模的弹性计算资源应对短时间内的流量激增。

腾讯云是腾讯公司旗下的云计算平台，专注于为开发者和企业客户提供全方位的云服务。凭借腾讯的社交网络和互联网生态资源，腾讯云形成了自身的差异化优势，涵盖从基础云服务、云数据服务、云运营服务以及社交平台连接等多种产品类型。其中，腾讯云提供QQ 互联、QQ 空间、微云、微社区等社交体系的云端连接服务，为企业提供更多的业务增长点。例如，企业通过 QQ 互联接入腾讯庞大的用户体系，实现用户引流与社交互动功能拓展，像一些热门移动游戏借助此服务，利用社交传播快速扩大用户规模，同时依托腾讯云强大的云服务器支持大规模的用户并发访问。

AWS 是亚马逊公司推出的云计算平台，是全球市场份额最大的云服务提供商。AWS为用户提供高度灵活的云计算环境和丰富的服务，涵盖弹性计算、存储服务、数据库服务以及大数据分析等核心领域。例如，部分流媒体平台使用 AWS 的存储和内容分发网络（CDN）来提供全球范围内的高质量视频流体验。

Azure 是微软推出的云计算平台，提供广泛的云服务，支持各种行业的企业数字化转型。其核心服务主要有：提供 Windows 和 Linux 虚拟机以及 Azure Kubernetes Service（AKS）来管理容器化应用、提供存储服务等。同时，提供与 Visual Studio 和 GitHub的无缝集成，支持 DevOps 和持续集成/持续部署（CI/CD）流程。微软 Azure 在企业的 ERP

系统和财务管理系统中应用广泛,支持企业内部的大规模数据集成和业务流程自动化。

通过总结归纳上述平台的核心服务和技术优势,读者应发现,为满足客户的多元化业务需求,云计算平台提供多样化的解决方案,显著降低企业成本,优化资源利用率,增强数据安全性和可靠性,助力企业快速适应市场变化,实现数字化转型,推动业务持续增长。

6.1.5 虚拟化技术

虚拟化技术发展大致分为四个阶段,纯软件虚拟化、处理器级虚拟化、平台级虚拟化以及输入/输出级虚拟化,此过程使得虚拟化技术在云计算基础设施中的作用日益凸显,为理解虚拟化技术在云计算平台中的应用,现从服务器虚拟化、存储虚拟化、网络虚拟化和应用虚拟化四个方面进行简单介绍。

1. 服务器虚拟化

服务器虚拟化是常见的虚拟化技术之一,它通过将物理服务器抽象为多个虚拟服务器,使多个操作系统能够在同一物理服务器上独立运行。服务器虚拟化通过资源隔离、弹性扩展和负载均衡等功能,提高了服务器资源的利用率,降低了硬件成本。服务器虚拟化可以灵活地分配计算资源,适应不断变化的业务需求。其主要优势在于优化硬件使用,减少闲置资源,并支持动态资源分配和快速恢复。

在实际应用中,服务器虚拟化广泛应用于企业数据中心和私有云平台,支持多租户环境和高可用架构。例如,VMware vSphere、Microsoft Hyper-V 和 KVM 等技术。

2. 存储虚拟化

存储虚拟化是一种将物理存储资源抽象为逻辑存储单元的技术,使用户无需关心底层存储设备的具体配置。通过存储资源池化、动态分配和数据迁移功能,存储虚拟化实现了存储资源的统一管理和高效利用。其优势在于简化存储管理流程,支持存储容量按需扩展,帮助用户优化存储投资,提升存储资源的利用效率。同时,存储虚拟化还能够实现跨平台数据迁移和备份,提升了数据的灵活性和可用性。例如,Dell EMC VPLEX 和 IBM Spectrum Virtualize 等技术。

3. 网络虚拟化

网络虚拟化通过将物理网络资源虚拟化为多个独立的虚拟网络,为不同用户或应用提供隔离的通信环境。网络虚拟化的核心功能包括虚拟网络隔离、流量优化和动态路由调整等,该技术不仅可以优化网络流量,还能动态调整路由,以适应复杂的网络拓扑和业务需求。例如,VMware NSX 和 Cisco ACI 等技术。

4. 应用虚拟化

应用虚拟化是将应用程序从底层操作系统解耦,使其能够在独立于具体操作系统的环境中运行。应用虚拟化技术不仅实现了应用隔离和跨平台运行,还支持集中化管理,有效解决了传统应用程序之间常见的冲突问题。其优势在于提升了软件的兼容性和安全性,同时简化部署与维护流程。借助应用虚拟化,用户能够无缝访问各类应用程序,不受操作系统类型的限制,从而极大地优化用户体验并提高工作效率。例如,Citrix Virtual Apps 和 Microsoft Remote Desktop Services 等技术。

作为云计算的核心，虚拟化技术是构建云服务的基础。通过虚拟化技术，能够实现物理资源的抽象化、分割以及动态调度，从而支持虚拟机的创建、部署与管理。这项技术使得计算资源可以被更加灵活且高效地分配，以满足用户多样化的业务需求和技术要求。

6.2　Hadoop 及其生态系统

6.2.1　Hadoop 简介

在大数据时代浪潮下，数据规模呈爆发式增长，数据复杂性也与日俱增，传统数据处理方式在面对如此庞大的数据洪流时显得力不从心。Hadoop 作为大数据领域的基石，由 Apache 基金会开发。Doug Cutting 和 Mike Cafarella 受 Google 的 Google File System(GFS) 和 MapReduce 论文启发，开创性地创建了 Hadoop，旨在借助普通硬件集群，搭建一个可靠、高效且具备高度扩展性的平台，用以存储和处理大规模数据集，这极大地降低了企业与研究机构处理大数据的成本门槛。

Hadoop 主要由两大核心组件构成。其一是 Hadoop 分布式文件系统(HDFS)，它肩负着数据存储的重任。其二是 MapReduce 计算框架，专注于数据计算。这种分布式计算模式充分挖掘并利用了集群中各节点的计算资源，赋予了 Hadoop 高效处理海量数据的强大能力。

Hadoop 在发展过程中不断演进，不同版本的架构存在明显差异，具体可通过图 6-2 清晰呈现。

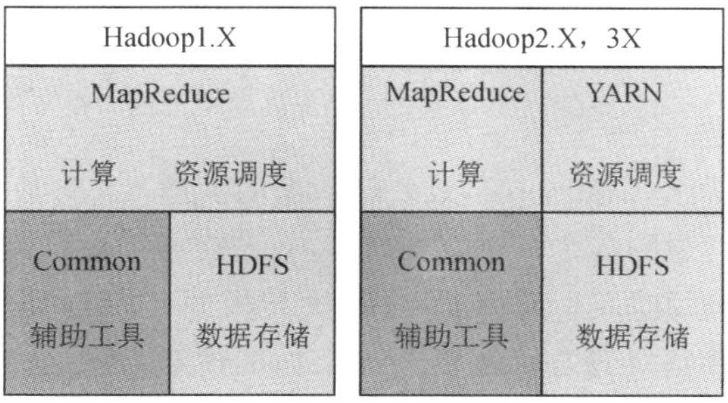

Hadoop1.X	
MapReduce	
计算	资源调度
Common	HDFS
辅助工具	数据存储

Hadoop2.X，3X	
MapReduce	YARN
计算	资源调度
Common	HDFS
辅助工具	数据存储

图 6-2　Hadoop 组成结构

图 6-2 展示了 Hadoop 1.X 与 Hadoop 2.X、3.X 版本的架构对比。在 Hadoop 1.X 版本中，MapReduce 不仅要负责数据的计算，还承担着资源调度的任务。这种一体化的设计在集群规模较小、应用场景相对简单时能够满足需求。然而，随着集群规模的扩大以及应用场景的日益复杂，MapReduce 身兼两职的弊端逐渐显现，系统的扩展性和灵活性受到限制。

而 Hadoop 2.X 及 3.X 版本对架构进行了重要改进，引入了 YARN(Yet Another Resource Negotiator)。YARN 从 MapReduce 中分离出来，专门负责资源调度，使得

MapReduce 可以更加专注于数据计算任务。这种职责分离的设计,有效提升了系统的扩展性和灵活性,能够更好地应对大规模集群和多样化的应用场景。Common 和 HDFS 在不同版本中依然分别承担着辅助工具和数据存储的角色,它们不断优化升级,为 Hadoop 的数据处理提供坚实的基础支持。

随着时间的推移,Hadoop 生态系统蓬勃发展,衍生出诸如 Hive、HBase、Zookeeper 等一系列相关组件和工具。这些组件彼此协作,共同构建起一个完备的大数据处理平台,能够全方位满足不同场景下的数据处理与分析需求。

6.2.2　Hadoop 的特点

Hadoop 具有以下特点。

1. 高可靠性

Hadoop 采用了数据冗余存储机制,在 HDFS 中,每个数据块都会被复制成多个副本,并存储在不同的节点上。默认情况下,数据块的副本数为 3,这意味着即使部分节点出现硬件故障、网络故障或软件错误等问题,数据依然能够从其他副本中获取,不会因为单点故障而丢失,极大地保障了数据的安全性和可靠性,为企业和机构的数据存储提供了坚实的后盾。

2. 高扩展性

Hadoop 的设计理念就是面向大规模集群的扩展。当企业的数据量不断增长,需要处理的数据规模越来越大时,只需简单地向集群中添加更多的普通服务器节点,Hadoop 就能自动识别并利用这些新增节点的计算和存储资源,实现系统的水平扩展。这种扩展方式不仅成本低廉,而且能够轻松应对数据量的快速增长,使得企业能够根据自身业务发展的需求灵活调整集群规模,具有极高的灵活性和适应性。

3. 高效性

MapReduce 计算框架是 Hadoop 高效处理数据的关键。它将数据处理任务分解为多个小任务,并行分布在集群中的各个节点上同时执行,充分利用了集群中所有节点的计算能力,大大缩短了数据处理的时间。例如,在处理大规模的日志数据分析任务时,Hadoop 可以在短时间内完成传统单机处理方式需要数小时甚至数天才能完成的工作,显著提高了数据处理的效率,让企业能够及时从海量数据中获取有价值的信息,为决策提供有力支持。

4. 高容错性

除了数据冗余存储带来的容错能力外,Hadoop 在计算过程中也具备强大的容错机制。如果在 MapReduce 任务执行过程中某个节点出现故障,Hadoop 会自动检测到故障并将该节点上未完成的任务重新分配到其他正常节点上继续执行,确保整个计算任务能够顺利完成,而不会因为个别节点的故障导致任务失败。这种高容错性使得 Hadoop 在处理大规模数据时更加稳定可靠,减少了因故障带来的时间和资源浪费。

5. 低成本

Hadoop 可以运行在普通的商用硬件上,不需要昂贵的专用服务器。通过将大量普通服务器组成集群,利用集群的整体性能来处理大数据,大大降低了硬件采购成本。同时,Hadoop 是开源软件,用户可以免费使用和修改其源代码,进一步降低了软件授权费用和开发成本。这种低成本的特性使得许多中小企业也能够利用大数据技术,推动自身业务的发展和创新。

6. 灵活性

Hadoop 生态系统提供了丰富多样的组件和工具,能够满足不同类型的数据处理和分析需求。无论是结构化数据(如关系型数据库中的数据)、半结构化数据(如 XML、JSON 格式的数据)还是非结构化数据(如文本、图像、视频等),Hadoop 都能够进行有效的存储和处理。企业可以根据自身业务特点和需求,选择合适的 Hadoop 组件进行组合和定制,构建出符合自身需求的大数据处理解决方案,具有很强的灵活性和可定制性。

6.2.3　HDFS 文件系统

作为 Hadoop 的关键构成部分,HDFS 借助目录树结构达成文件的精准定位,承担着海量数据存储的重任,为高吞吐量的数据访问需求提供了有力支撑。HDFS 专为通用硬件(Commodity Hardware)环境量身定制,具备高容错能力。相较于其他分布式文件系统,HDFS 独特之处在于放宽部分 POSIX(可移植操作系统接口)约束,以此实现流式数据读取,满足大规模数据处理的特定需求。

HDFS 起初作为 Apache Nutch 搜索引擎项目的基础架构而开发,是 Apache Hadoop Core 项目的核心,该设计聚焦于低成本硬件条件下,实现大规模数据的高效、可靠存储与处理。HDFS 采用主从架构,主要包括主节点和从节点等核心组件。接下来,简单介绍 HDFS 的特点。

首先,HDFS 适合存储大文件,其典型文件大小通常介于 GB 到 TB 级别之间。其次,HDFS 采用了一次写入、多次读取的数据访问模型,该模型旨在减少延迟,避免因一次性加载大量数据而造成的内存消耗问题。HDFS 的数据以读为主,仅支持单个写入者,并且写操作以添加的形式在文末追加,不支持在任意位置进行修改。再次,流式数据访问中,鉴于数据收集和处理是并行的,有效减少了延迟,且避免了因一次性加载大量数据而造成的内存消耗问题。此外,HDFS 不支持低延迟数据访问。

6.2.4　YARN 资源管理器

YARN 是 Hadoop 生态系统的核心组件,是通用的资源管理和调度框架,负责在分布式集群中分配和管理计算资源。接下来,简单介绍 YARN 的基础架构和资源调度策略。

Yarn 的基础架构由 RM -资源管理器(ResourceManager)、NM -节点管理器(NodeManager)、AM -应用程序管理器(ApplicationMaster)和容器(Container)等组件构成。其中,资源管理器负责整个集群资源的统筹管理与任务调度,接收来自客户端、各类应用程序以及节点管理器的资源请求,依据集群资源状况进行合理的分配与调度;节点管理器负责管理和监控该节点上的计算资源,节点管理器通过向资源管理器注册自身的资源和容器信息,将自身纳入到集群的统一资源管理体系中;应用程序管理器负责协调和管理该应用程序的资源需求，其通过与资源管理器通信来申请必要的资源，并与各个节点管理器交互以启动和管理任务；容器作为计算资源的抽象单位，由资源管理器分配给应用程序管理器，并由应用程序管理器进一步分配给具体任务执行。

目前，Hadoop 作业调度器主要包含先进先出调度器（FIFO）、容量调度器（Capacity Scheduler）和公平调度器（Fair Scheduler）三种类型，其中根据 Hadoop 的相关知识，Hadoop 默认采用的是先进先出调度器。先进先出调度器采用单队列模式，严格按照作业提交的先后顺序执行，而容器调度器和公平调度器都采用多队列模式，适合用于需要处理多样化的任务类型和工作负载的环境。

6.2.5　MapReduce 计算模型

在 Hadoop 生态体系中，MapReduce 用于大规模数据集的并行计算。MapReduce 发挥着关键作用，通过将海量数据巧妙分割成多个小块，并行分配至集群中的多个节点进行处理，再对各节点处理结果合并，实现了数据处理的高效性与准确性。MapReduce 模型包含两个主要阶段，Map 阶段和 Reduce 阶段。

Map 阶段中，对输入数据进行分片，每个分片都被分配给一个相应的 Map 任务。Map 任务对分片中的数据进行处理，并输出一组键值对（中间结果）。根据键对 Map 任务的输出进行分组后，任务随即进入 Reduce 阶段，每个 Reduce 任务对一组具有相同键的值进行归并处理，从而生成最终结果。该模型隐藏了底层分布细节，因此开发者可以在不深入理解系统架构的情况下进行开发，在很大程度上降低了分布式计算的门槛。

接下来，将简单介绍 MapReduce 的主要功能及技术特征，其中有四个主要功能。

1. 数据划分和计算任务调度

系统自动将待处理的大数据集划分为若干数据块，每个数据块对应于一个独立的计算任务（Task）。之后，系统会智能调度计算节点（Map 节点或 Reduce 节点），自动分配并执行相应的任务。作业调度功能负责任务的分配和调度，并实时监控这些节点的执行状态，确保任务执行。同时，系统对 Map 节点的执行过程进行同步控制。

2. 数据/代码互定位

为减少数据通信开销，系统遵循"本地化数据处理"的原则，即尽可能让计算节点处理本地磁盘上存储的数据，从而实现代码向数据的迁移。当无法进行本地化数据处理时，系统再寻找其他可用节点，并通过网络传输数据，优先选择相同机架内的节点，以降低通信延迟。

3. 系统优化

一方面，中间结果数据进入 Reduce 节点前，系统会进行合并处理。另一方面，一个 Reduce 节点可能处理来自多个 Map 节点的数据，Map 节点输出的中间结果需使用合适策略进行划分，保证相关性数据发送到同一个 Reduce 节点。此外，系统还会对计算性能进行优化，如最慢的计算任务采用多备份执行、将最快完成的任务结果作为最终输出。

4. 出错检测和恢复

考虑低端商用服务器构成的计算集群中，软硬件故障率相对较高，这就要求 MapReduce

需要能检测并隔离出错节点，并调度分配新的节点接管出错节点的计算任务。同时，系统用多备份冗余存储机制提高数据存储的可靠性，并能及时检测和恢复出错的数据。

数据研究人员认为，MapReduce 是较为理想的处理大规模数据的框架。因采用横向扩展优先策略，使用价格低廉、易于扩展的低端商用服务器构建集群，所以企业成本相对较低。针对大规模数据处理的特点，利用顺序式磁盘访问机制处理数据，增强了高吞吐量的处理效率。此外，MapReduce 的容错性、可扩展性以及数据通信开销等方面的表现相对较好。但由于采用批处理模型，MapReduce 在快速响应的实时数据处理场景中表现较弱。

6.2.6　Hadoop 生态系统

Hadoop 生态系统(图 6-3)是一个开源的大数据处理框架，由多个组件构成。这些组件各自承担着特定的任务，共同为大规模数据的存储、处理和分析提供强大的支持，如 Hive、HBase、Mahout 等。其中，Hive 和 HBase 是两个核心组件，虽然两者在功能和特性上各有侧重，但设计上相辅相成。同时，Flume 和 Storm 是用于实时处理和流处理的关键工具，支持实时数据的捕获、传输和处理等功能。

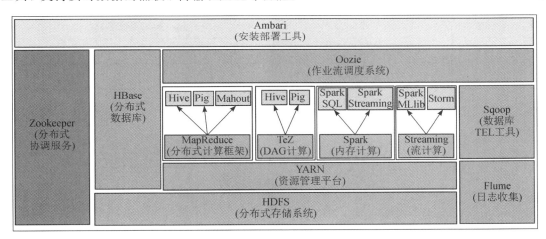

图 6-3　Hadoop 生态系统

Hive 是基于 Hadoop 的数据仓库工具，使用类 SQL 语言(HQL)查询和分析 Hadoop 中的数据，通常应用在构建报表、数据挖掘的前期数据准备等。HBase 是一个高可靠性、高性能、面向列、可伸缩的分布式存储系统，利用 HBase 技术可在廉价 PC Server 上搭建大规模结构化存储集群，从而满足海量数据的快速读写需求。Flume 支持多源数据采集，如文件、网络流等，提供了灵活的配置选项，能满足多样化的业务需求，并内置监控和报警功能，确保数据传输的稳定性。Flume 适用于日志数据的实时采集和传输，例如，网站点击流、服务器日志等场景。Storm 是一款分布式实时计算系统，专门用于处理无边界的数据流。基于流式处理架构，Storm 具备低延迟处理、多语言支持以及较强的容错机制等特点。为增强本章学习效果的适用性，现介绍 Hadoop 3.0 的新特性(表 6-1)，以使读者更深层次地理解使用。Hadoop 3.0 是 Hadoop 项目的重要版本，它在功能和性能方面对 Hadoop 内核进行了多项重大改进。

表 6 - 1　**Hadoop 3.0 特性对比情况**

特性/方面	Hadoop 2.X 系列	Hadoop 3.0
默认文件系统	HDFS	支持多种文件系统，包括 HDFS、S3、Azure Blob 等
YARN	YARN 作为资源管理器引入	增强的 YARN 功能，如更好的资源管理和调度
容器化支持	有限支持	更好的 Docker 和容器化支持
内存管理	较为简单的内存管理	引入了 Off-heap 内存，减少了 JVM 垃圾回收的压力
高可用性（HA）	支持 NameNode HA	增强的 HA 支持，包括 Rolling Upgrade
多租户支持	有限的支持	更好的多租户支持，增强了安全性和隔离性
安全性	Kerberos 认证，有限的安全特性	增强的安全措施，包括更强大的加密和认证机制
硬件支持	主要支持传统的硬盘驱动器	更好地支持 SSD 和 NVMe 驱动器
API 变化	较为稳定，较少的变化	API 有了一些改进和变化，增加了灵活性
社区和支持	广泛使用，成熟的社区和支持	持续更新，社区支持良好，更多企业级支持
默认 Java 版本	Java 7 或 Java 8	Java 8 或更高版本
第三方集成	与多种工具和框架集成	更广泛的第三方工具和框架集成
性能优化	性能不断优化，但受限于架构	包含多项性能优化，特别是针对大数据处理

6.3　Spark 及其生态系统

6.3.1　Spark 简介

　　Spark 是一个为大规模数据处理而设计的快速、通用的计算引擎。Spark 提供了类似 Hadoop MapReduce 的分布式数据处理能力，但与之不同的是，Spark 能够在内存中存储作业的中间输出结果，有效避免频繁地读写 HDFS，从而显著提高了大规模数据处理的速度。例如，Spark 应用在机器学习等迭代计算的场景中。

　　Spark 与 Hadoop 的主要区别在于其对内存计算的优化。前者利用内存分布式数据集，提供快速的交互式查询能力，并能优化处理需要多次迭代的作业任务。因此，相较于 Hadoop MapReduce，Spark 凭借内存计算能力，在处理需要快速迭代访问数据集的应用场景时，能够显著提升性能。

6.3.2　Spark 的特点

　　作为当前流行的分布式计算框架之一，Spark 因其高效的数据处理能力和丰富的功能特性而表现出众。Spark 的主要特点为速度快、易于使用、通用性强以及运行方式多样等。

现详细介绍上述特点。

1. 速度快

Spark 采用了内存计算技术，将中间数据存储在内存中，大幅减少了磁盘 I/O 操作，从而显著提高了数据处理速度。例如，在处理一个包含数百万条记录的日志文件时，传统的 MapReduce 模型可能需要多次读写磁盘来完成任务，而 Spark 可以在内存中直接处理这些数据，其整个过程的速度提升了数十倍，甚至百倍。原本需要数小时才能完成的批处理任务，如今仅需几分钟就能完成。

2. 易于使用

Spark 支持包括 Java、Python、R 和 SQL 等主流编程语言。由于多语言的兼容性，开发者可根据偏好选择最适合的语言进行开发。例如，熟悉 Python 的开发者可以直接使用 PySpark 接口编写复杂的机器学习算法，而无需学习新的语言或工具。又例如，Spark 还提供了直观的 API，让开发者能够轻松构建和调试应用程序。

3. 通用性较强

Spark 提供了丰富的工具库，扩展了应用范围。如 Spark SQL 用于结构化数据处理，Spark Streaming 用于实时数据流处理，MLlib 用于机器学习，GraphX 用于图处理。这些工具库极大地扩展了 Spark 的应用范围。

4. 运行方式多样

Spark 支持多种运行方式，适应不同的部署环境。例如，Spark 在 Hadoop 上运行，也支持独立的 Standalone 模式。又例如，从 Spark 2.3 开始，还支持在 Kubernetes 上运行。初创企业可使用 Standalone 模式快速搭建测试环境，而大型企业则可以选择在现有的 Hadoop 集群上部署 Spark，以实现更高的可扩展性。

6.3.3　Spark 生态系统

Spark 生态系统(图 6-4)以 Spark Core 为核心，通过其强大的内存计算能力和丰富的组件，为大规模数据处理提供了高效、灵活且易于使用的解决方案。如提供支持 SQL 语句操作的 Spark SQL 模块，支持流式计算的 Spark Streaming 模块，支持机器学习的 MLlib 模块，支持图计算的 GraphX 模块。同时，在资源调度方面，Spark 支持自身独立集群的资源调度、YARN 及 Mesos 等资源调度框架。

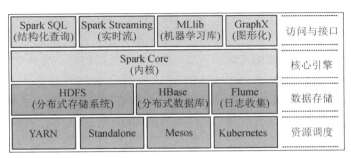

图 6-4　Spark 的体系架构

现对 Spark Core、Spark SQL、Spark Streaming、MLlib、GraphX 等模块进行简单介绍。

Spark Core 使用弹性分布式数据集(Resilient Distributed Dataset，RDD)作为其数据结构，RDD 是一个不可变的分布式数据集合，能高效地存储和处理大规模数据。Spark Core 通常使用 Hadoop 的文件系统(如 HDFS)作为数据存储层，并借助 Hadoop 的任务调度器进行任务调度。类似于 MapReduce，Spark Core 算法在 Map 阶段，输入数据被分解为多个子任务进行并行处理；接着，Shuffle 阶段将中间结果重新分布到不同的计算节点上；最后，在 Reduce 阶段，数据被归并以生成最终结果。

Spark SQL 使用数据框(Data Frame)作为数据结构，数据框是一个具有明确结构的分布式数据集合。Spark SQL 支持标准的 SQL 查询语法，并兼顾多种数据源，包括 HDFS、Hive、Parquet 等。Spark SQL 的核心是 Catalyst 查询优化器，这也正是 Spark SQL 高效处理查询的关键。例如，Catalyst 优化 SQL 查询，例如谓词下推、列裁剪、常量折叠等。又例如，Catalyst 支持数据缓存，显著提高了查询性能。

Spark Streaming 使用数据流(Data Stream)作为数据结构，数据流是一个有序的分布式数据集合。Spark Streaming 支持多种数据源，例如 Kafka、Flume、Twitter 等。Spark Streaming 的核心算法是微批处理(Micro-batch)，通过将实时数据流分解为一系列短小的微批处理任务，并利用 Spark 的分布式计算能力进行处理，从而实现了低延迟的实时计算。

MLlib 是一个功能强大的机器学习库，提供了丰富的机器学习算法和工具。例如，梯度下降、随机森林、支持向量机等。此外，MLlib 还涵盖了从数据预处理、特征选择到模型训练、评估和调优的完整机器学习流程，为开发者提供了一站式的解决方案。

GraphX 以图作为数据结构，支持图的构建、遍历、计算等操作。如构建最短路径等。通过引入弹性分布式属性图，将图视图与表视图统一起来，允许用户在图和集合之间无缝切换。并且，与 Spark 的上述所介绍的组件无缝集成，支持复杂的数据处理和分析任务。同时，Pregel API 能够利用集群资源并行处理，促进了大规模图计算的应用研究。

6.3.4　RDD 算子

RDD 是 Spark 中基本的数据抽象，代表一个不可变、可分区且元素可并行计算的集合。RDD 作为 Spark 的核心数据结构，提供高效、可靠的分布式数据处理能力，支持并行计算、容错恢复和内存优化，是 Spark 生态系统的基础。

在 Spark 中，RDD 的分片是并行计算的基础单元，每个分片由一个计算任务处理，分片数量决定了并行度。用户可在创建 RDD 时指定分片数，否则采用默认值。RDD 之间存在依赖关系，每次转换生成新的 RDD，形成流水线式的依赖链，这种依赖关系使得 Spark 在部分分区数据丢失时，能够仅通过重新计算丢失分区来恢复数据，而非重新计算整个 RDD，体现了其高效的容错机制。RDD 还包含一个可选的优先位置列表(Preferred Location)，记录每个分片的存储位置。对于 HDFS 文件，该列表保存每个分片所在的块位置。

对于键值对类型的 RDD，Spark 提供了分区函数，用于优化数据分布和计算效率。目前，Spark 提供了两种主要的分区函数：基于哈希算法的分区和基于数据范围的分区。分区函数会根据设定的分区规则，将 RDD 的数据划分为多个分片。分区函数不仅决定了当前 RDD 的数据如何分布到各个分片中，还决定了在数据重新组织（如 Shuffle）时，上游 RDD 的数据如何划分到下游 RDD 的分片中。非键值对类型的 RDD 没有分区函数，其分区函数值为 None。默认情况下，键值对类型的 RDD 使用基于哈希算法的分区。

宽依赖（Wide Dependencies）和窄依赖（Narrow Dependencies）是用于描述 RDD 之间依赖关系的两种类型。区分这两者至关重要，因为 Spark 在执行计划优化时会依据这些依赖关系来尽量减少数据混洗（Shuffle）操作，从而显著提升作业的执行效率和性能。前者描述了一种特定的父子 RDD 之间的分区依赖关系。其中，一个父 RDD 的单个分区可能被多个子 RDD 的分区所依赖。后者描述了一个父 RDD 的分区与子 RDD 的分区之间的关系，具体来说，每个父 RDD 的分区最多只被单个子 RDD 的分区所依赖。由于宽依赖会引发数据在不同分区间的大量移动，从而增加作业的执行开销并影响性能，因此它对 Spark 的优化策略和资源调度有着更高的要求。

如果一个父 RDD 的某个分区的数据需要被传递到子 RDD 的多个不同分区中，就会发生宽依赖。该依赖关系常见于会导致数据重新分区的操作，如 groupBy、reduceByKey 等。其中，相同的键或连接条件可能会关联到多个结果分区。对于窄依赖而言，如果需要对子 RDD 进行转换或操作，可以直接利用父 RDD 中相应分区的数据，而不需要访问其他分区的数据。由于每个子分区只关注其直接对应的父分区数据，因而处理效率相对较高。

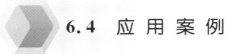

6.4　应 用 案 例

本章介绍了 Hadoop 和 Spark 的生态系统，现通过实例来展现在 Windows 11 系统上搭建云计算平台 Hadoop 分布式集群环境的方法。

本例借助 VMware Workstation 创建虚拟机，利用虚拟机技术在物理机模拟多个独立环境的特性，便于分布式系统搭建与测试。先依物理机性能规划虚拟机资源，如创建 3 台各配置 2～4GB 内存、20～40GB 磁盘空间的虚拟机；接着准备 VMware Workstation PRO 17、CentOS 7.9 Minimal 镜像、MobaXterm 软件并确定下载地址；然后安装 VMware Workstation PRO 17 并创建安装 CentOS 7.9 系统的虚拟机；之后为虚拟机配置静态 IP 和主机名；最后安装 MobaXterm 并通过 SSH 连接虚拟机，完成系统更新和 openssh-server 等必要软件包的安装。以下是详细步骤。

（1）安装虚拟机。

访问页面 https://www.vmware.com/products/desktop-hypervisor/workstation-and-fusion，下载 VMware Workstation PRO 17 并安装。

访问页面 https://mirrors.aliyun.com/centos/，找到 7.9 版本，点击"进入 7.9/目录"，继续访问 isos/目录，继续访问 X86_64/目录，找到第一个 CentOS-7-x86_64-Minimal-2009.iso 文件，点击下载，下载目录如图 6-5 所示。

mirrors.aliyun.com/centos/7.9.2009/isos/x86_64/?spm=a2c6h.25603864.0.0.42cdf5adwsZRuo

开源镜像站

阿里云镜像站 > centos镜像配置页 > centos镜像下载页 > 详细内容

Index of /centos/7.9.2009/isos/x86_64/

File Name	File Size	Date
Parent directory/	-	-
0_README.txt	2.7 KB	2022-08-05 02:03
CentOS-7-x86_64-DVD-2009.iso	4.4 GB	2020-11-04 19:37
CentOS-7-x86_64-DVD-2009.torrent	176.1 KB	2020-11-06 22:44
CentOS-7-x86_64-DVD-2207-02.iso	4.4 GB	2022-07-26 23:10
CentOS-7-x86_64-Everything-2009.iso	9.5 GB	2020-11-02 23:18
CentOS-7-x86_64-Everything-2009.torrent	380.6 KB	2020-11-06 22:44
CentOS-7-x86_64-Everything-2207-02.iso	9.6 GB	2022-07-27 02:09
CentOS-7-x86_64-Minimal-2009.iso	973.0 MB	2020-11-03 22:55
CentOS-7-x86_64-Minimal-2009.torrent	38.6 KB	2020-11-06 22:44
CentOS-7-x86_64-Minimal-2207-02.iso	988.0 MB	2022-07-26 23:10
CentOS-7-x86_64-NetInstall-2009.iso	575.0 MB	2020-10-27 00:26
CentOS-7-x86_64-NetInstall-2009.torrent	23.0 KB	2020-11-06 22:44
sha256sum.txt	703.0 B	2022-08-05 01:56
sha256sum.txt.asc	1.5 KB	2022-08-05 01:58

图 6-5　CentOS 7.9 下载目录

访问页面 https://mobaxterm. mobatek. net/download. html，下载免费版 MobaXterm，其下载界面如图 6-6 所示。其中，MobaXterm 是一款远程桌面管理软件，可以让用户方便地进行远程终端访问，支持 SSH、RDP、VNC、Telnet 等多种协议。MobaXterm 的功能非常强大，不仅可以用于远程终端访问，还可以进行 X11 转发、文件传输、网络扫描等多项操作，是开发者、系统管理员、网络安全工程师的理想工具。

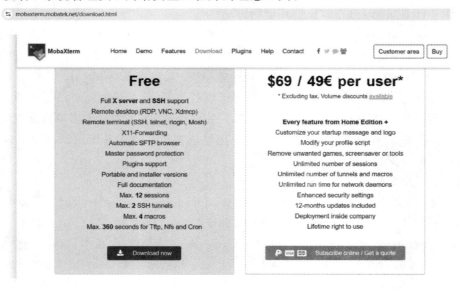

图 6-6　MobaXterm 下载界面

（2）基础配置。

在虚拟机关机状态下，克隆两个额外的副本用于后续使用，如图 6-7 所示。

图 6-7 虚拟机克隆

获取三台虚拟机的 IP 地址，并对每一台虚拟机执行如下命令。

```
ip addr
CentOS Linux7(Core)
Kernel 3.10.0—1160.e17.x86_64 on an x86_64

localhost login：root
Password：
Last login：MonOct 21 09：46：07 on tty1
[rootOlocalhost ～] # 1p addr
1：lo：＜LOOPBACK，UP，LOWER_UP＞ MTU 65536 qdisc noqueue state UNKNOWN group
default qlen 1000
    link/loopback 00：00：00：00：00：00 brd 00：00：00：00：00：00
    inet 127.0.0.1/8 scope host lo
        valid_lft forever preferred_lft forever
    inet6 ：：1/128 scope host
        valid_lft forcever preferred_lft forever
2：ens33：＜BROADCAST，MULTICAST，UP，LOWER_UP＞ mtu 1500 qdisc pfifo_fast state
UP group default qlen 10 00
    link/ether 00：0c：29：4e：？ e：？？ brd ff：ff：ff：ff：ff：ff
    inet 192.168.149.130/24 brd 192.168.149.255 scope global nopref ixroute dynamic ens33
```

```
            valid_lft 1773sec preferred_lft 1773sec
          inet6 fe80::b51:463:167c:91ab/64 scope link nopref ixroute
            valid_lft forever preferred_lft forever
    [root0localhost ～]♯_
```

运行 MobaXterm 软件，点击"Session－＞SSH"，进行 SSH 远程连接虚拟机，如图 6－8 所示。

图 6－8　MobaXterm 远程连接虚拟机

完成三台虚拟机的连接，并对三台虚拟机主机名进行重命名。分别输入如下指令。

```
[root@localhost ～]♯ hostname hadoop1
[root@localhost ～]♯ hostname hadoop2
[root@localhost ～]♯ hostname hadoop3
```

在 hadoop1 虚拟机中进行 DNS 配置（每个节点），如下所示。

```
[root@hadoop1 ～]♯ vi /etc/hosts
```

添加如下内容，添加完毕后使用：wq 命令保存退出。

```
♯添加内容
192.168.149.130 hadoop1
192.168.149.131 hadoop2
192.168.149.132 hadoop3
: wq
```

将配置完成的文件拷贝到其他节点，如下所示。

```
[root@hadoop1 ~]# scp /etc/hosts hadoop2：/etc/hosts
[root@hadoop1 ~]# scp /etc/hosts hadoop3：/etc/hosts
```

关闭防火墙服务（每个节点），如下所示。

```
[root@hadoop1 ~]# systemctl stop firewalld
```

关闭开机自启动，如下所示。

```
[root@hadoop1 ~]# systemctl disable firewalld
```

配置免密登录，在 hadoop1 中进行以下配置，生成私钥，如下所示。

```
[root@hadoop1 ~]# ssh-keygen -t rsa -P ""
```

输入后，按两次"回车键"，复制授权密钥，如下所示。

```
[root@hadoop1 ~]# cat ~/.ssh/id_rsa.pub > ~/.ssh/authorized_keys
```

拷贝密钥至其他节点，如下所示。

```
[root@hadoop1 ~]# ssh-copy-id -i ~/.ssh/id_rsa.pub root@hadoop2
[root@hadoop1 ~]# ssh-copy-id -i ~/.ssh/id_rsa.pub root@hadoop3
```

（3）安装 JDK 与 Hadoop。

访问地址 https://www.oracle.com/java/technologies/downloads/? er = 221886 # java8-windows，下载 jdk-8uxxx-linux-x64.tar.gz 文件，下载界面如图 6-9 所示。

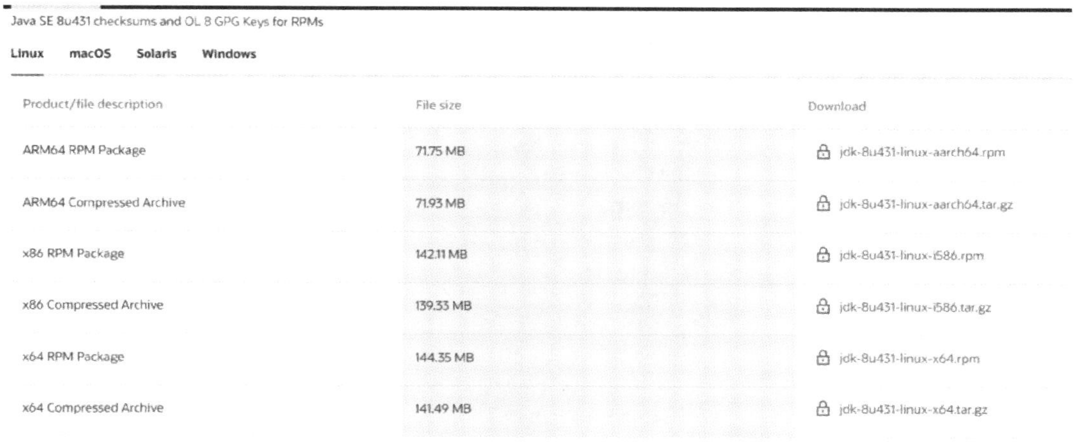

Java SE 8u431 checksums and OL 8 GPG Keys for RPMs

Linux macOS Solaris Windows

Product/file description	File size	Download
ARM64 RPM Package	71.75 MB	🔒 jdk-8u431-linux-aarch64.rpm
ARM64 Compressed Archive	71.93 MB	🔒 jdk-8u431-linux-aarch64.tar.gz
x86 RPM Package	142.11 MB	🔒 jdk-8u431-linux-i586.rpm
x86 Compressed Archive	139.33 MB	🔒 jdk-8u431-linux-i586.tar.gz
x64 RPM Package	144.35 MB	🔒 jdk-8u431-linux-x64.rpm
x64 Compressed Archive	141.49 MB	🔒 jdk-8u431-linux-x64.tar.gz

图 6-9 JDK8 下载界面

访问页面 https://archive.apache.org/dist/hadoop/common/hadoop-3.2.2/，下载 hadoop-3.2.2.tar.gz 文件，下载界面如图 6-10 所示。

Index of /dist/hadoop/common/hadoop-3.2.2

Name	Last modified	Size	Description
Parent Directory		-	
CHANGELOG.md	2021-01-13 18:48	95K	
CHANGELOG.md.asc	2021-01-13 18:48	833	
CHANGELOG.md.sha512	2021-01-13 18:48	143	
RELEASENOTES.md	2021-01-13 18:48	5.2K	
RELEASENOTES.md.asc	2021-01-13 18:48	833	
RELEASENOTES.md.sha512	2021-01-13 18:48	146	
hadoop-3.2.2-rat.txt	2021-01-13 18:48	1.8M	
hadoop-3.2.2-rat.txt.asc	2021-01-13 18:48	833	
hadoop-3.2.2-rat.txt.sha512	2021-01-13 18:48	151	
hadoop-3.2.2-site.tar.gz	2021-01-13 18:48	43M	
hadoop-3.2.2-site.tar.gz.asc	2021-01-13 18:48	833	
hadoop-3.2.2-site.tar.gz.sha512	2021-01-13 18:48	155	
hadoop-3.2.2-src.tar.gz	2021-01-13 18:48	31M	
hadoop-3.2.2-src.tar.gz.asc	2021-01-13 18:48	833	
hadoop-3.2.2-src.tar.gz.sha512	2021-01-13 18:48	154	
hadoop-3.2.2.tar.gz	2021-01-13 18:48	377M	
hadoop-3.2.2.tar.gz.asc	2021-01-13 18:48	833	
hadoop-3.2.2.tar.gz.sha512	2021-01-13 18:48	150	

图 6-10　Hadoop-3.2.2 下载界面

　　将 JDK8 包和 Hadoop 安装包传入/opt/目录下（直接从本地将 JDK8 包和 Hadoop 安装包拖入 opt 文件夹中）并进行解压，如图 6-11 所示。

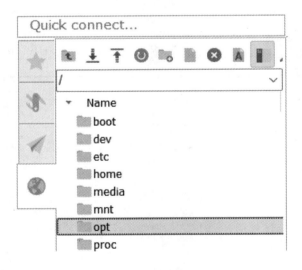

图 6-11　opt 目录位置

进入/opt/目录后，将 JDK8 和 Hadoop 压缩包解压到当前目录，如下所示。

```
[root@hadoop1 ~]# cd /opt/
[root@hadoop1 opt]# tar -zxvf jdk-8u291-linux-x64.tar.gz
[root@hadoop1 opt]# tar -zxvf hadoop-3.2.2.tar.gz
```

配置 Java 环境变量，如下所示。

```
[root@hadoop1 opt]# vi /etc/profile
```

在最后添加如下内容，添加完成后：wq 保存退出。

```
# 添加内容
# Java
export JAVA_HOME=/opt/jdk1.8.0_291
export CLASSPATH=$JAVA_HOME/lib/
export PATH=$PATH：$JAVA_HOME/bin
：wq
```

验证 Java 安装状态，如下所示。

```
[root@hadoop1 opt]# java-version
```

若显示如下的 Java 版本信息，则说明 Java 安装成功。

```
Java version "1.8.0_291"
Java(TM) SE Runtime Environment (build 1.8.0_291-b10)
Java HotSpot(TM) 64-Bit Server VM (build 25.291-b10，mixed mode)
```

将配置好的 Java 文件夹拷贝至其他节点，如下所示。

```
[root@hadoop1 ~]# scp -r /opt/jdk1.8.0_291 root@hadoop2：/opt/
[root@hadoop1 ~]# scp -r /opt/jdk1.8.0_291 root@hadoop3：/opt/
```

将配置好的环境变量拷贝至其他节点，如下所示。

```
[root@hadoop1 ~]# scp /etc/profile root@hadoop2：/etc/profile
[root@hadoop1 ~]# scp /etc/profile root@hadoop3：/etc/profile
[root@hadoop2 ~]# source /etc/profile
[root@hadoop3 ~]# source /etc/profile
```

（4）集群配置。

配置 Hadoop 环境脚本文件中的 JAVA_HOME 参数。

进入 Hadoop 安装目录下的 etc/hadoop 目录，如下所示。

```
[root@hadoop1 ~]# cd /opt/hadoop-3.2.2/etc/hadoop
```

分别在 mapred-env.sh、yarn-env.sh 文件中添加或修改如下内容，完成后使用：wq 保存退出。

```
[root@hadoop1 hadoop]# vi mapred-env.sh
[root@hadoop1 hadoop]# vi yarn-env.sh
# 添加或修改内容
export JAVA_HOME="/opt/jdk1.8.0_291"
```

回到/opt/hadoop-3.2.2/目录，创建 logs 与 pids 目录，如下所示。

```
〔root@hadoop1 hadoop〕# cd /opt/hadoop-3.2.2/
〔root@hadoop1 hadoop-3.2.2〕# mkdir logs
〔root@hadoop1 hadoop-3.2.2〕# mkdir pids
```

进入/opt/hadoop-3.2.2/etc/hadoop 目录，在 hadoop-env.sh 中添加或修改以下内容。

```
〔root@hadoop1 hadoop〕# vi hadoop-env.sh
# 添加或修改内容
export JAVA_HOME=/opt/jdk1.8.0_291
export HADOOP_PID_DIR=/opt/hadoop-3.2.2/pids
export HADOOP_LOG_DIR=/opt/hadoop-3.2.2/logs
export HDFS_NAMENODE_USER=root
export HDFS_DATANODE_USER=root
export HDFS_SECONDARYNAMENODE_USER=root
export YARN_RESOURCEMANAGER_USER=root
export YARN_NODEMANAGER_USER=root
```

修改 Hadoop 配置文件，如下所示。

```
〔root@hadoop1 hadoop〕# vi core-site.xml
```

修改<configuration>标签内的内容后：wq 保存，如下所示。

```
<configuration>
    <property>
        <name>fs.defaultFS</name>
        <value>hdfs://hadoop1:9000</value>
    </property>
    <property>
        <name>hadoop.tmp.dir</name>
            <value>/opt/hadoop3.2.2/tmp</value>
    </property>
    ......//完整配置信息查看附录 1
</configuration>
```

进入/opt/hadoop-3.2.2/目录，创建临时保存文件目录以及 namenode、datanode 目录，如下所示。

```
〔root@hadoop1 hadoop〕# cd /opt/hadoop-3.2.2/
〔root@hadoop1 hadoop-3.2.2〕# mkdir tmp
〔root@hadoop1 hadoop-3.2.2〕# mkdir namenode
〔root@hadoop1 hadoop-3.2.2〕# mkdir datanode
```

进入/opt/hadoop-3.2.2/etc/hadoop/目录，如下所示。

```
〔root@hadoop1 hadoop-3.2.2〕# cd /opt/hadoop-3.2.2/etc/hadoop
```

修改 hdfs-site. xml 文件，如下所示。

```
[root@hadoop1 hadoop]# vi hdfs-site.xml
```

修改＜configuration＞标签内的内容后：wq 保存，如下所示。

```
<configuration>
    <property>
        <name>dfs.replication</name>
        <value>1</value>
    </property>
    <property>
        <name>dfs.namenode.name.dir</name>
        <value>/opt/hadoop-3.2.2/namenode</value>
    </property>
    <property>
        <name>dfs.blocksize</name>
        <value>268435456</value>
    </property>
    ......//完整配置信息查看附录1
</configuration>
```

修改 mapred-site. xml 文件，如下所示。

```
[root@hadoop1 hadoop]# vi mapred-site.xml
```

修改＜configuration＞标签内的内容后：wq 保存，如下所示。

```
<configuration>
    <property>
        <name>mapreduce.framework.name</name>
        <value>yarn</value>
    </property>
</configuration>
```

在/opt/hadoop-3.2.2/目录下创建三个目录，如下所示。

```
[root@hadoop1 hadoop]# cd /opt/hadoop-3.2.2/
[root@hadoop1 hadoop-3.2.2]# mkdir nm-local-dir
[root@hadoop1 hadoop-3.2.2]# mkdir nm-log-dir
[root@hadoop1 hadoop-3.2.2]# mkdir nm-remote-app-log-dir
```

回到/opt/hadoop-3.2.2/etc/hadoop/目录，如下所示。

```
[root@hadoop1 hadoop-3.2.2]# cd /opt/hadoop-3.2.2/etc/hadoop/
```

修改 yarn-site. xml 文件，如下所示。

```
[root@hadoop1 hadoop]# vi yarn-site.xml
```

修改<configuration>标签内的内容后：wq 保存，如下所示。

```
<configuration>
    <property>
        <name>yarn. acl. enable</name>

        <value>false</value>
    </property>
    <property>
        <name>yarn. log-aggregation-enable</name>
        <value>false</value>
    </property>
    ......//完整配置信息查看附录 1
</configuration>
```

修改/opt/hadoop-3.2.2/etc/hadoop/目录下的 workers 文件，如下所示。

```
[root@hadoop1 hadoop]# vi workers
```

添加以下内容。

```
#添加内容
hadoop2
hadoop3
```

配置 hadoop 环境变量，如下所示。

```
[root@hadoop1 hadoop]# vi /etc/profile
```

添加以下内容后。

```
#添加内容
export HADOOP_HOME=/opt/hadoop-3.2.2
export PATH=$PATH：$HADOOP_HOME/bin：$HADOOP_HOME/sbin
```

：wq 保存退出。执行如下命令，使环境变量生效。

```
[root@hadoop1 hadoop]# source /etc/profile
```

hadoop 目录分发，将 hadoop1 上配置的 hadoop 目录分发到其余节点，如下所示。

```
[root@hadoop1 hadoop]# scp -r /opt/hadoop-3.2.2 root@hadoop2：/opt/
[root@hadoop1 hadoop]# scp -r /opt/hadoop-3.2.2 root@hadoop3：/opt/
```

hdfs 初始化，如下所示。

```
[root@hadoop1 hadoop]# hdfs namenode -format
```

启动 hadoop 集群，如下所示。

```
[root@hadoop1 hadoop]# start-all.sh
```

在每个节点中查看进程启动情况,如下所示。

```
[root@hadoop1 hadoop]# jps
[root@hadoop2 hadoop]# jps
[root@hadoop3 hadoop]# jps
```

图 6-12、6-13 分别是在 Hadoop 1 节点和 Hadoop 2 节点执行 jps 命令,查看启动的过程。

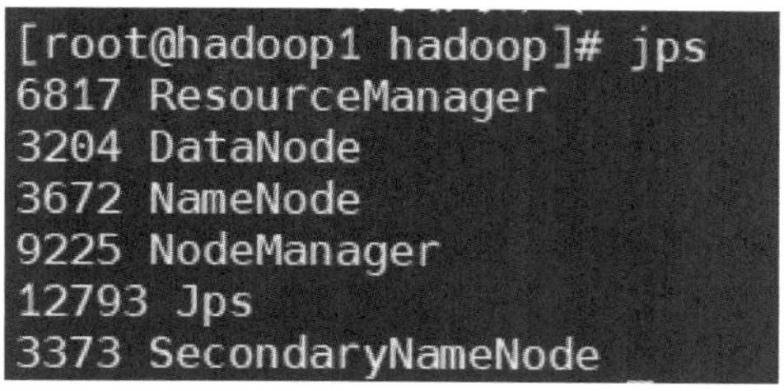

```
[root@hadoop1 hadoop]# jps
6817 ResourceManager
3204 DataNode
3672 NameNode
9225 NodeManager
12793 Jps
3373 SecondaryNameNode
```

图 6-12　主节点进程启动情况

```
[root@hadoop2 ~]# jps
2321 DataNode
2516 Jps
2425 NodeManager
```

图 6-13　其他节点进程启动情况

访问页面 http://192.168.149.130:9870(192.168.149.130 为主节点 IP 地址),如图 6-14 所示。

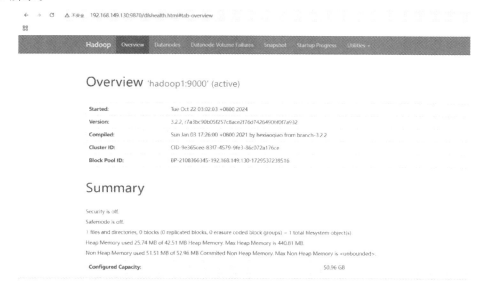

图 6-14　访问 Web 页面

访问页面 http://192.168.149.130:8088（192.168.149.130 为主节点 IP 地址），如图 6-15 所示。

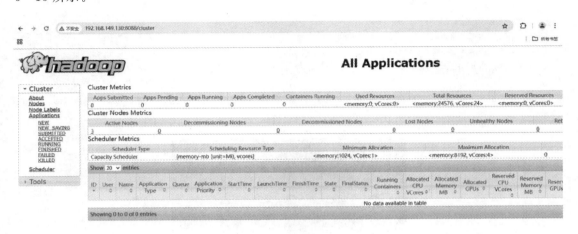

图 6-15　访问 All Applications 页面

到此，Hadoop 集群配置完毕。

本章聚焦大数据处理技术，全面介绍了云计算、Hadoop、Spark 相关知识并给出应用案例。云计算作为依托网络提供计算资源共享池的模式，分为 IaaS、PaaS、SaaS 服务类型和公有云、私有云、社区云、混合云部署方式，虚拟化技术是其核心，阿里云等是典型平台。Hadoop 利用普通硬件集群处理大规模数据集，由 HDFS、MapReduce 等核心组件构成，具备高可靠性等特点，其生态系统组件丰富，Hadoop 3.0 有性能改进。Spark 是快速通用的计算引擎，通过内存计算提升速度，支持多语言，生态体系以 Spark Core 为核心，包含多个功能模块，RDD 是其基本数据抽象。最后，详细阐述了在 Windows 11 系统借助 VMware Workstation 搭建 Hadoop 分布式集群环境的具体步骤，将理论与实践相结合。

1. 简述云计算的三种主要服务模型（SaaS、PaaS、IaaS）的区别和应用场景。
2. 简述云计算的四种主要部署模型（公有云、私有云、社区云、混合云）的特点和适用场景。

3．在 Hadoop 集群中，NameNode 和 DataNode 的主要职责分别是什么？

4．简述如何配置 Hadoop 集群以确保高可用性。此外，在 Hadoop 集群中，如何查看 HDFS 文件系统的使用情况？

5．简述 MapReduce 编程模型的基本流程。

第 7 章　数据可视化

知识目标：

1. 了解数据可视化的概念及数据可视化图表的组成元素。
2. 掌握常见的数据可视化工具。
3. 熟悉数据可视化技术及其应用。

能力目标：

1. 能运用常见的数据可视化工具制作图表。
2. 应用数据可视化技术解决相关问题。

课程思政：数据可视化是技术和艺术的结合，学习中提升专业素养，培育工匠精神；作为跨学科技能，需具备沟通协作能力，融合多学科知识，为数据科学应用提供支持。

在数字化时代，数据科学中的数据规模呈井喷式增长，其中蕴藏着大量有价值的信息。然而，仅靠数字和文本难以挖掘其复杂内涵，数据可视化技术因此诞生。它借助图形、图表等直观方式，将抽象数据转化为易懂形式，广泛用于商业、医学、科研等领域，改变着人们的工作方式与决策模式。本章将阐述数据可视化的相关知识，探索数据科学的数据价值。

7.1　数据可视化概述

7.1.1　数据可视化的概念

数据可视化是指通过图形、图表、地图等视觉手段，将庞大的、抽象的数据转化为人们易于理解的形式。数据可视化的核心目标就是将数据的核心信息、趋势、模式和关联通过直观的视觉表现形式传递给人们。通过图形化的方式，复杂的数据得以呈现，使得人们能够迅速识别关键点，发现潜在的规律和关系。

7.1.2　数据可视化的发展历程

数据可视化的历史悠久，可以追溯到人类记录和分析信息的最初尝试。以下是数据可视化发展的重要阶段和里程碑。

1. 古代至中世纪：数据可视化的雏形

在古代至中世纪时期，地图和星图是数据可视化的早期形式，展现了人类通过图形表达信息的智慧与创造力。

地图制作起源于古埃及、古希腊和古罗马时期,当时人们利用地图记录地理信息,并将其用作导航工具和知识载体。例如,古埃及人制作的尼罗河地图反映了当时河流沿岸的地形、灌溉系统和农业资源,为农业规划提供了指导;古希腊学者托勒密(Ptolemy)在其著作《地理学指南》中使用经纬度系统绘制了地图(如图 7-1(a)所示),将地理知识以视觉化方式呈现,这不仅推动了古代地理学的进步,也为后来的地图学奠定了理论基础。

与此同时,星图制作在古代文明中也占有重要地位,尤其在巴比伦、中国和希腊等地,人们通过绘制星图来记录天体的运动规律,并将其应用于导航、农业和占星术等领域。例如,巴比伦人利用星图预测日食和月食;而中国的《周髀算经》中详细记录了恒星的位置,通过同心圆、方位标示、星宿分布和文字说明(如图 7-1(b)所示),将抽象的天球概念转化为直观的平面图像,清晰地展示了古代中国人对宇宙的认识。

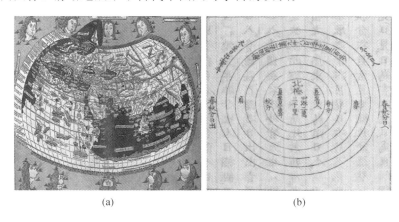

(a)　　　　　　　　　　　　　　(b)

图 7-1　托勒密地图与《周髀算经》

无论是地图还是星图,它们都是人类早期利用视觉工具传递知识的典范,对科学、文化和社会发展产生了深远影响。

2. 17 世纪至 19 世纪:现代数据可视化的开端

17 世纪至 19 世纪,数据可视化经历了重要的转型,这一时期的创新为现代数据可视化奠定了基础。

威廉·普莱费尔(William Playfair)被誉为现代数据可视化的奠基人,他在 18 世纪末期发明了条形图、折线图和饼图等多种图表形式,用于展示经济数据的趋势和比较。他的代表作《商业与政治图解集》通过图形将复杂的经济数据转化为直观的信息(如图 7-2(a)所示),开启了用可视化方式研究商业和政治现象的先河。普莱费尔的工作推动了数据分析的进步,并为后来的统计学应用提供了基础。

19 世纪,查尔斯·约瑟夫·米纳德(Charles Joseph Minard)进一步推动了数据可视化的多维度发展。他绘制的拿破仑东征图(如图 7-2(b)所示)是经典的多变量数据可视化案例,结合了地理、时间和人员变化,通过图表清晰地展示了战争进程中的不同变量,成为数据可视化史上的里程碑。米纳德的作品展示了数据可视化的深刻表达能力,为后来的多维数据展示提供了理论支持。

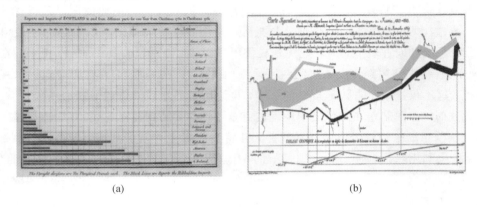

(a)   (b)

图 7-2　苏格兰的贸易情况图与拿破仑东征图

3. 20 世纪：数据可视化多样化与计算机化

进入 20 世纪，数据可视化迎来了快速发展的新阶段，从统计图表的广泛应用到信息图形设计的兴起，再到计算机技术的介入与普及，这一时期的数据可视化逐渐从静态走向动态、交互式和计算机化。

在 20 世纪初，统计学的迅猛发展推动了统计图表在科学研究和社会调查中的普及，使统计图表成为数据分析的重要工具。弗洛伦斯·南丁格尔（Florence Nightingale）在这一时期的工作尤为突出，她设计了玫瑰图（也称南丁格尔图，如图 7-3 所示），用以直观展示医院卫生条件对士兵死亡率的影响。这种图表通过颜色和扇形面积的对比，清晰地揭示了数据背后的问题，对公共卫生政策的改革产生了深远影响。南丁格尔的玫瑰图不仅是统计图表设计的创新案例，也彰显了数据可视化在推动社会变革中的价值。

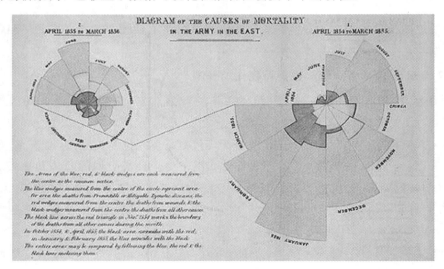

图 7-3　南丁格尔制作的原始玫瑰图

20 世纪后半叶，计算机技术的兴起彻底改变了数据可视化的格局。20 世纪 60 年代至 70 年代，计算机图形学作为一门新兴学科，最初主要应用于科学计算和工程设计，但很快扩展到更广泛的数据可视化领域。例如，由伊万·萨瑟兰（Ivan Sutherland）开发的

Sketchpad 是最早的图形用户界面之一，它允许用户通过光笔在屏幕上绘制和编辑图形（如图 7-4 所示）。这项工作被认为是计算机图形学的奠基之作。早期计算机图形技术使得复杂数据的三维建模、地理信息可视化和科学模拟成为可能，为现代数据可视化工具的发展奠定了技术基础。

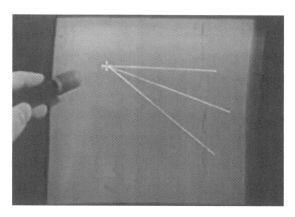

图 7-4　使用光笔在 Sketchpad 上绘制简单几何形状

20 世纪 80 年代，个人计算机的普及和图形用户界面的发展进一步推动了交互式数据可视化的出现。人们不仅能够静态观察数据图表，还可以通过鼠标和键盘与数据进行互动，实时更改视图、过滤数据或调整分析参数。这个时期涌现了许多早期的数据可视化工具和软件，如 Xerox PARC 的"DataDesk"和"Tableau"。这些工具标志着数据可视化从单向的信息传递走向双向互动，开启了现代数据可视化的新时代。

4. 21 世纪：数据可视化新纪元

进入 21 世纪，随着互联网和大数据技术的飞速发展，数据可视化迎来了前所未有的变革。信息的爆炸式增长催生了大量数据，尤其是企业和研究机构需要处理和分析的海量数据。此时，数据可视化不仅仅是一个展示工具，更成为理解复杂数据、促进决策和推动创新的重要手段。在这一背景下，现代数据可视化工具应运而生，它们使得从事数据分析的人们能够更加高效地传达和展示数据结果。图 7-5 显示了大数据可视化在智慧社区中的应用。

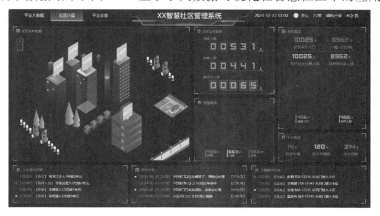

图 7-5　大数据可视化在智慧社区中的应用

从早期的静态图表到现代的大数据可视化和移动 Web 适配，数据可视化经历了从传统图形表达到动态交互式展示的转变，成为连接数据与决策的桥梁。它的演变和进步，体现了信息技术、数据分析和设计学科的高度融合，也为未来智能化时代的数据处理提供了坚实的基础。

7.1.3　数据可视化的作用

数据可视化不仅使数据变得更加直观，还能加速决策过程，揭示数据中的趋势和模式。因此，数据可视化的作用不仅体现在信息传达的效率上，还包括如何支持决策、发现关联、增强沟通等多个方面。

1．提高信息传达的效率

数据可视化通过直观的视觉呈现，将复杂的信息转化为易于理解的图形，帮助人们迅速掌握数据的核心内容。以折线图为例，它能够清晰地展示公司销售额在不同季度的增长趋势，使管理者一目了然地识别出表现最佳的季度，并判断整体的增长或下降趋势。

2．帮助人们发现数据中的模式和趋势

数据可视化能够揭示数据中的变化趋势和潜在模式，帮助人们识别周期性波动、增长或下降等关键动态。以城市交通管理为例，通过分析不同时段的交通流量变化，交通管理部门可以优化交通信号灯的调度，合理规划公共交通线路，并制定更为有效的交通管理政策。

3．简化多维数据的理解

数据可视化能够将多个变量集成在同一图表中，帮助人们快速理解各变量之间的关系。例如，气泡图可以同时展示不同产品的销售额、市场份额和增长率，管理者通过气泡的大小、位置和颜色，能够直观地比较各产品的表现，并发现潜在的关联和差异。

4．支持科学决策

数据可视化在商业和科研领域中，通过实时更新的仪表盘或报表形式，直观展示关键指标，帮助决策者根据数据做出合理判断。例如，实时数据仪表盘可展示企业的销售量、库存和客户反馈，管理层可以迅速掌握运营状况，并做出及时的调整。

5．增强记忆与沟通效果

数据可视化利用图像和图表的形式，使信息更易于记忆，从而更有效地传递复杂的数据。比如，社会调查结果通过信息图的方式展示，不仅使人们更容易理解，还能在报告和会议中作为有效的沟通工具，清晰地传达数据的核心信息。

7.1.4　数据可视化的特征

数据可视化不仅仅是图表和图形的简单展示，更是一种通过视觉手段传达信息的强大工具，能够帮助人们在大量的数据中迅速提取出最重要的信息。以下是数据可视化的一些关键特征，它们共同确保了信息的有效传递和用户的高效理解。

1．直观性

数据可视化的首要特征是直观性。通过图表、地图、模型等方式呈现数据，可以让人们快速理解数据信息，而不必逐字逐句地阅读数据内容。直观的图表和视觉符号可以帮助人们直接抓住数据中的关键点和趋势。例如，折线图能直观展现趋势变化，柱状图可以快速比较不同数据项。

2. 信息浓缩性

数据可视化具有高度的信息浓缩性，能够将复杂和大量的数据压缩到一个图表中呈现出来。通过合理的图形设计，数据可视化可以在有限的空间内展示多维信息，让人们在短时间内看到大量数据的分布、关联和模式，从而实现信息的快速传达。

3. 模式识别与趋势揭示

数据可视化的另一个重要特征是能够帮助人们识别数据中的模式和趋势。例如时间序列图可以帮助人们快速识别数据的上升、下降或周期性变化，而热力图则能展示数据在空间分布上的集中区域。通过这些模式识别，数据可视化能够帮助人们从表面数据中发现潜在的规律。

4. 易于对比

数据可视化能够将不同数据项通过图形符号放在同一空间内展示，便于人们对比。例如，柱状图、散点图等可以用来展示多个变量或类别的差异。这样的对比性展示方式可以帮助人们快速看到不同数据项之间的相似点和不同点，以便进行进一步分析。

5. 交互性

现代数据可视化具有较强的交互性。人们可以通过点击、拖动、放大、缩小等操作来对数据进行深入探索，调整分析角度。交互性不仅提升了人们的体验感，还帮助其从不同层面理解数据。例如，人们可以通过筛选来查看特定条件下的数据或通过时间轴动态展示数据变化过程。

6. 准确性与真实性

数据可视化的准确性和真实性非常重要。每个图形、比例、符号都应如实反映数据内容，以避免人们产生误解。因此，优秀的数据可视化应准确地传达数据，而不是过度简化或美化数据，从而确保人们能够做出基于真实数据的判断。

7. 美观性

数据可视化追求在简洁和美观之间找到平衡。美观性不仅仅体现在视觉吸引力上，也涉及信息的有效传达。清晰的配色、合理的布局、对比鲜明的图形能增强人们的体验感，更好地传达信息。然而，在追求美观的同时，也需要确保数据的真实和信息传达的准确性。

8. 多维展示能力

随着数据维度的增加，数据可视化可以以多维度方式展现数据特征。二维或三维展示、分面图、气泡图等可以展示多个变量之间的关系。多维展示使人们可以更好地理解多变量数据，帮助其看到各变量之间复杂的交互关系。

9. 普适性与跨领域应用

数据可视化具有普适性，可以应用于多个领域，无论是商业、科学研究、医疗健康还是政府公共事务。不同领域可以根据特定需求，选择不同的可视化方法来实现数据展示。例如，金融行业中使用的 K 线图和地理分析中的地理热力图就是数据可视化在特定领域的应用。

10. 信息丰富性与分层性

数据可视化还具备信息丰富性与分层性。一个图表可能包含不同层次的信息，让人们能够逐层深入地理解数据。例如，一个交互式仪表盘可以在总体数据下钻取到具体数据细节，或通过鼠标悬停查看具体数据值。这种分层性让人们可以根据需求在高层和低层数据之间自由切换。

数据可视化的直观性、信息浓缩性、交互性等特征，使其在商业、科研、政策制定等方面得到了广泛应用，成为推动智能化和数据驱动决策的关键手段。

7.2 数据可视化图表

数据可视化中最基础的元素之一就是图表。通过图表，复杂的数据信息能够以直观、简洁的方式呈现给人们，帮助其更好地理解和分析数据。不同类型的图表适用于不同的场景，了解常见的图表类型和图表选择原则，对于制作有效的可视化至关重要。

7.2.1 数据可视化图表的组成元素

数据可视化的特征展示了它在信息传达、模式识别、易于比较等方面的优势，使其成为分析和理解数据的有效工具。然而，为了实现这些特征，数据可视化图表需要多种组成元素的支撑。通过这些组成元素的合理设计与搭配，数据可视化图表能够更加直观、准确地呈现数据内容，帮助人们在短时间内获得深刻的洞察。通常情况下，一个完整的数据可视化图表需要考虑以下几个关键组成元素。

1. 图形符号

通过点、线、柱状或饼图等图形符号表现数据。这些图形符号的大小、位置、颜色等可以帮助人们快速分辨数值的差异。例如，在一个市场调研报告中，使用柱状图展示各个地区的销售数据，每个柱子的高度代表不同地区的销售额，人们可以通过柱子的高度差异轻松地识别哪个地区的销售业绩最好，哪个地区的较差。

2. 布局和结构

合理的布局有助于引导人们的阅读顺序和关注点。对于时间序列数据，从左到右的横向排列往往能让人们更好地理解趋势。例如，一张用于展示公司销售额逐月变化趋势的时间序列图。其在这张图中，时间轴从左到右排列，这种布局能够帮助人们自然地跟随图表的时间顺序，清晰地看到销售额在不同时间段的变化趋势。

3. 色彩和标识

色彩是传达信息的重要手段，不同颜色的对比可以突出重要信息，同时辅助标识（如标签、图例）也可以帮助人们准确理解数据含义。例如，一个饼图中使用不同的颜色来表示不同的市场份额，如红色表示最大市场份额，蓝色表示次大市场份额，绿色表示最小市场份额，通过这些颜色的对比，人们能迅速识别各个市场份额的比例，并了解其相对关系。

4. 交互方式

通过鼠标悬停、点击、拖曳等交互方式，人们可以对图表内容进行进一步探索和分析，从而获得更深入的理解。例如，在一个动态气候变化图表中，人们可以通过鼠标点击某一特定年份来查看该年每个月的温度变化情况。当鼠标光标悬停在某一数据点上时，图表会显示出该月份的详细数据，如具体的气温、降水量等，这样人们可以深入了解每年的气候变化趋势。

7.2.2　常见数据可视化图表类型

根据数据的不同特征和可视化目标，常见的数据可视化图表类型包括柱状图、折线图、饼图、散点图、热力图、箱线图、雷达图、面积图等。

1. 柱状图

柱状图作为最常见的一种比较类图表，以其直观和易于理解的特性在数据可视化领域占据了重要地位。它主要用于展示不同类别数据之间的对比，通过条形（或柱子）的长度来表示数值大小，使得各类别之间的差异一目了然。这种图表形式非常适合用于分析和呈现时间序列数据（如年度销售额的变化、月度销售业绩等），能够清晰地显示出相关变量随时间变化的趋势。无论是比较不同产品的市场份额、企业的季度盈利，还是学生的学习成绩，柱状图都能提供一个直观的数据视角，帮助决策者快速识别关键信息和趋势。特别是当涉及多个变量或类别的对比时，柱状图可以以分组或堆叠的形式出现，进一步增强其表现力。分组柱状图允许在同一图表中并排显示多组数据，便于直接对比；而堆叠柱状图则展示了整体构成及各部分的比例，适用于分析组成部分与整体的关系。

图 7-6 展示了一个典型的柱状图实例，通过图表可以迅速获取有关销售业绩的重要信息，辅助管理层做出更明智的商业决策。

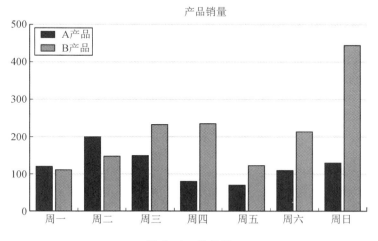

图 7-6　柱状图

2. 折线图

折线图使用线条连接一系列的数据点来表示信息随时间或有序类别变化的趋势。这种图表类型非常适合展示和比较不同组别的连续数据流，能够清晰地揭示出增长、下降、波动等模式。通过观察折线的走向，人们可以快速理解数据的发展动态，并做出相应的分析和决策。此外，折线图还可以通过添加多条线来同时比较多个数据集，或是用区域填充来强调数据的累积效果，是研究时间序列数据、经济指标、市场趋势以及健康监测等的重要工具。例如，可以用折线图展示某个时间阶段的气温变化。

图 7-7 折线图展示了从 11 月 9 日到 11 月 15 日某地区的最高气温和最低气温变化趋势，通过折线图，我们可以清晰地看到每天的最高气温和最低气温，以及它们在整个周期内的变化趋势，以便理解和分析一段时间内的气温变化情况。

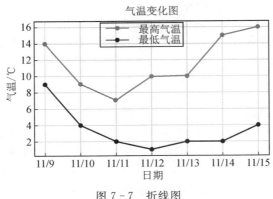

图 7-7　折线图

3. 饼图

饼图用于表示各部分占总体的比例，可显示分类数据在整体中的份额，每一部分的扇形面积与比例成正比，能够帮助人们快速理解数据的组成。饼图一般适用于比例较少的情况，如市场份额、预算分配等。

图 7-8 展示了某公司在不同广告渠道上的支出占比情况。图中用不同颜色区分了五个广告渠道，并标注了各自的支出占比。通过饼图，我们可以直观理解各渠道的相对重要性和支出比例。

图 7-8　饼图

4. 散点图

散点图用于展示两个变量之间的关系（如线性关系、聚类等），有助于人们分析变量之间的相关性。散点图中的每个数据点根据其坐标位置来表示。例如，我们可以通过散点图来展示学生的学习时间与成绩之间的关系，或者分析房屋价格与居住面积之间的相关性，如图 7 - 9 所示。

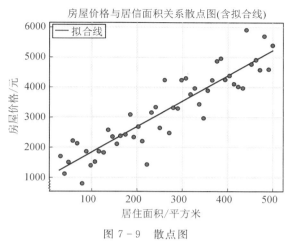

图 7 - 9 散点图

5. 热力图

热力图通过颜色深浅来显示数据的密度或强度，颜色越深，表示数据的值越大，反之则表示数据的值越小。热力图通常用于二维数据的呈现，展示复杂数据的密度分布、地域分布或数据间的强度对比。

图 7 - 10 展示了 5 个产品在 8 个不同渠道的销售数据。颜色从浅到深，表示销售金额的高低，颜色越深表示销售金额越高。

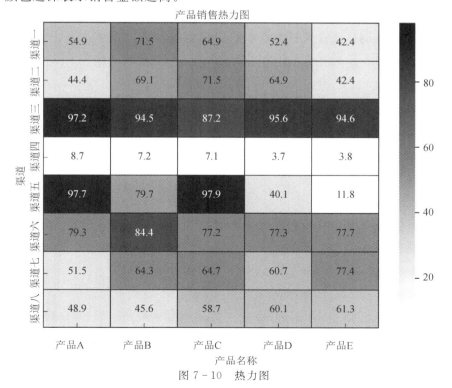

图 7 - 10 热力图

6. 箱线图

箱线图主要用于展示数据的分布情况，特别是通过数据的最小值、第一四分位数、中位数、第三四分位数和最大值来显示数据的集中趋势和分散程度，能够帮助人们识别数据的异常值和对比不同数据集的分布差异。例如，我们可以用箱线图来比较班级学生的考试成绩分布。

图 7－11 展示了不同课程成绩的分布特征，有助于教师理解学生在各门课程中的表现差异。

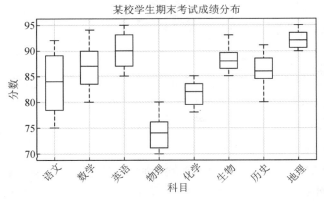

图 7－11　箱线图

7. 雷达图

雷达图也称为蜘蛛图，用于比较多个变量的数值，适合展示多维数据的分布情况。雷达图中的每条轴代表一个变量，数据点通过线段连接形成一个封闭多边形。例如，我们可以用雷达图来展示不同雷达技术的性能评分。

图 7－12 展示了 3 种雷达技术在不同性能指标上的优缺点，有助于人们在实际应用中做出更合适的选择。

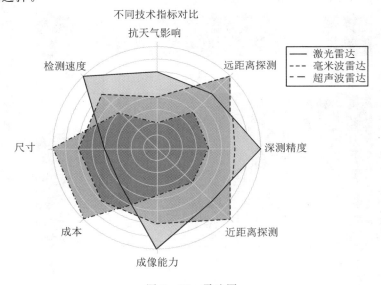

图 7－12　雷达图

8．面积图

面积图类似于折线图，但数据区域以下部分填充颜色，用于展示数据随时间的累积变化情况，适合显示堆积数据。

图 7-13 用不同颜色区分了 5 个广告渠道（邮件营销、联盟广告、视频广告、直接访问、搜索引擎），每个渠道的数据以面积填充的方式显示，清晰地展示了各广告渠道数据的总体趋势和相对变化情况，有助于人们直观理解不同广告渠道在一周内的数据分布情况。

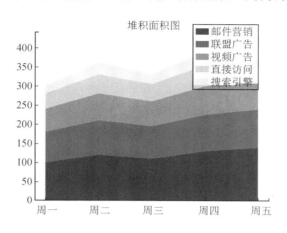

图 7-13　面积图

除了上述提到的图表外，数据可视化图表还包含其他类型，如瀑布图、桑基图、树状图等。这些图表类型也有各自的特点和适用场景，如瀑布图适用于显示数据的增减变化过程，桑基图适用于展示流量或资源的分配情况，而树状图则适用于展示层级结构。丰富的图表类型能够以多维视角呈现数据，根据数据特点合理选择合适的图表类型，可以更加清晰地表达数据的关系和变化，便于人们快速理解与分析数据。

7.2.3　数据可视化图表的选择与设计原则

在信息化时代，选择合适的数据图表并遵循良好的设计原则，对于有效传达信息至关重要。在设计和选择图表时，应遵循以下几个原则。

1．明确图表类型与用途

不同图表适用于不同的数据类型和分析需求，选择合适的图表类型是第一步。例如，柱状图适合展示时间序列或类别之间的比较；折线图用于呈现趋势变化；饼图则常用于比例分布。选择图表类型时，应考虑数据特点及展示目标，以便人们轻松理解。例如：如果希望展示季度销售额的变化，则选择柱状图；如果希望展示气温的逐日变化，则选择折线图。

2．保持图表简洁

图表设计应避免过多的装饰性元素，如不必要的图例、背景网格或复杂的色彩，这些元素可能会分散人们的注意力。图表简洁有助于人们迅速将注意力聚焦在数据上,从而理解关键信息。例如:在展示市场份额的饼图中,可仅使用关键的分类和标注,省略多余的图例和装饰线条,突出每个类别的占比,以使人们更快理解市场份额的分布情况。

3. 使用对比色突出重要信息

色彩在图表中用于区分数据类别和强调重要信息,对比色可以吸引人们的注意力。选择颜色时,应注意与主题的匹配,同时保持对比度,使关键信息清晰。例如:在一张柱状图中,可使用深色或高亮色标出当前年份的销售额,淡化前几年的颜色,以增强当前数据的表现力;同时保持色彩一致,确保人们一眼就能区分不同年度。

4. 确保数据的准确性与一致性

准确的数据展示不仅是可信度的保证,也是展示设计的基础。数据必须经过严格核实,确保没有误导或歧义。此外,数据标签、比例尺、单位等要保持一致,以便人们顺利理解。例如:在展示公司多个季度的利润变化时,应确保图表中的数据单位、比例尺和标签一致,避免单位混淆或比例失真。

5. 添加适当的标签与标题

清晰的标签和标题可以帮助人们快速理解图表内容。标题应概括图表的主要信息,而标签用于解释各个数据点或分区。简明的标题和准确的标签可以使图表表达更为直接。例如:在一张展示各部门年度支出的面积图上,可使用标题概括数据主题(如"公司年度支出分布"),并在图例中标注各部门名称,使图表的每一部分含义清晰。

6. 合理设置坐标轴与刻度

坐标轴和刻度可以帮助人们理解数据的具体值及变化范围。在设置刻度时应保持刻度一致,避免过大的跨度。此外,尽量从零开始,以免图表产生夸大或误导效果。例如:在分析某产品的销售增长情况时,应确保纵轴从零开始。

7. 控制数据密度

如果数据点或分类较多,应避免信息过载,可以通过聚合数据或简化展示。数据过密的图表会让人们难以解读具体信息,因此在设计时要关注信息密度的适度控制。例如:在展示过去十年全球温度变化趋势时,可选择按年度展示数据而非按月展示数据,以避免密集的数据点干扰趋势观察。

8. 考虑人们的理解水平差异

数据图表的设计应考虑人们的知识水平认知能力。对于专业人员,可以使用行业术语和复杂的指标;对于非专业人员,应尽量使用通俗易懂的标签和简洁的展示方式。例如:在向公众展示空气质量数据时,使用"优""良""轻度污染"等分级说明比直接显示 $PM_{2.5}$ 数值更直观易懂,公众能快速判断出空气的质量情况。

遵循这些设计原则,可以让数据可视化更具清晰性、准确性和吸引力,有助于人们从中快速提取和理解关键数据。

7.3 数据可视化工具

无论是简单的图表制作，还是复杂的数据交互和分析，合适的数据可视化工具能够帮助人们高效、精确地展示数据背后的信息。

7.3.1 常用数据可视化工具

数据可视化工具根据功能和使用场景的不同，可分为多种类型，下面介绍几种常用的数据可视化工具。

1. Excel

Microsoft Excel 是最广泛使用的数据分析和可视化工具之一，几乎在所有行业和领域都得到了广泛应用，其界面如图 7 - 14 所示。尽管 Excel 本身并非专门为数据可视化设计，但它具有强大的数据处理和图表生成功能。用户可以利用 Excel 生成各种常见的图表，如柱状图、饼图、折线图等，进行数据分析，并通过表格和图形化方式展示数据。Excel 的直观界面使得它成为很多初学者和非技术人员的首选工具。

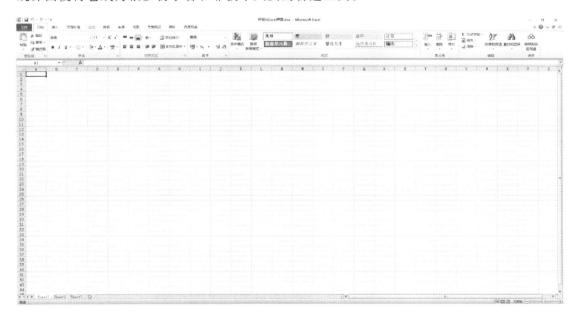

图 7 - 14 Excel 界面

Excel 的优点在于操作简单，界面熟悉，适合各类用户，尤其是非技术背景的用户使用。Excel 强大的数据处理能力使其适合小到中型数据集，且提供了多种内置图表类型，支持自定义格式和样式。同时，Excel 与其他 Microsoft Office 工具的集成，便于生成报告和演示。然而，Excel 的缺点在于：对大数据集的处理能力较弱，处理大数据时可能会出现卡顿；其交互性较弱，无法提供更多的动态交互功能，且复杂的统计分析功能有限，通常需要依赖于其他更专业的工具。

2. Tableau

Tableau 是目前市场上最流行的商业智能和数据可视化工具之一，广泛应用于企业数据分析和决策支持，其界面如图 7-15 所示。Tableau 最大的特点是易于使用的拖曳式界面，用户无需编程即可快速生成多种互动图表、仪表盘和报表，使得非技术用户也能快速上手。Tableau 支持与多种数据源连接，包括数据库、云服务、Excel 等，并具有强大的数据处理功能，特别适合处理大规模数据集。Tableau 的灵活性和强大的数据分析功能使其在商业智能、市场营销等领域得到了广泛应用，有助于企业快速洞察数据趋势，并做出实时决策。

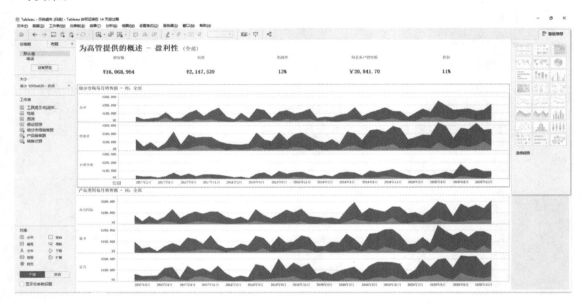

图 7-15　Tableau 界面

此外，Tableau 提供了丰富的可视化选项和模板，支持用户轻松创建交互式仪表盘和动态可视化，同时允许深度定制以提升数据洞察力。然而，Tableau 缺点则是商业版价格较高，对于预算有限的个人或小型企业来说可能负担较重。尽管界面简单易用，但对于初学者来说，要掌握其所有功能仍然需要一定时间，且高阶功能可能较为复杂。

3. Power BI

Power BI 是微软推出的一款商业智能工具，特别适合与微软产品（如 Excel、SQL Server 和 Azure）集成使用，其界面如图 7-16 所示。它具有丰富的可视化功能，允许用户通过简单的拖曳操作将数据转换为交互式报表和仪表盘。Power BI 支持实时数据更新，使得企业能够及时获取最新的业务动态。此外，Power BI 还具有强大的团队协作功能，支持将报表和仪表盘发布到云端，便于在线共享和团队合作。该工具特别适合用于财务、销售和运营等领域的数据处理，有助于企业快速分析并做出基于数据的决策。

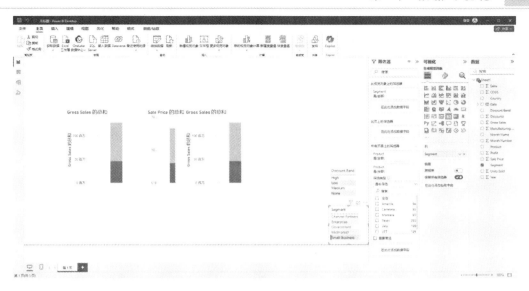

图 7 - 16　Power BI 界面

Power BI 的优点在于与微软产品的无缝集成，使得企业能够轻松导入和分析来自 Excel、SQL Server、Azure 等多个数据源的数据。其直观的拖拽式操作界面，使得非技术用户也能迅速生成交互式报表和仪表盘，降低了学习成本。此外，Power BI 强大的在线共享功能使得团队成员可以实时查看和讨论数据，促进了决策的快速实施。缺点方面，Power BI 的高级功能需要购买付费版本，且在处理非常大的数据集时，性能可能会有所下降。此外，虽然基础版本免费，但对于更复杂的需求和高级分析，可能需要依赖于付费功能，增加了使用成本。

4. D3.js

D3.js 是一款基于 JavaScript 的开源库，专门用于创建高度定制化和动态的数据可视化，其界面如图 7 - 17 所示。它允许开发者通过数据驱动的方式，生成各种交互式图表、地

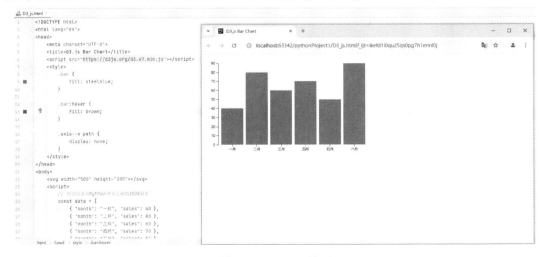

图 7 - 17　D3.js 界面

图和动画效果。D3.js 通过直接操作 HTML、SVG 和 CSS，使得用户能够精确控制图表的每一个元素，从而支持高度灵活的可视化设计。该工具的独特之处在于它通过数据绑定(Data-Binding)和文档对象模型(DOM)的操作来实现数据与图形的直接映射，这使得 D3.js 特别适合于处理复杂的可视化项目，如网络图、地理信息图等。此外，D3.js 还支持动态更新、过渡效果和动画，能够为用户提供交互性和沉浸感极强的可视化体验。

D3.js 的最大优势在于其灵活性和可定制性，开发者可以根据需求自由设计可视化内容，生成独特的交互式图表和动画效果，尤其适合复杂的数据呈现，如树状图、力导向图、时间序列图和地理信息图。它的强大功能使其成为数据科学家和开发者在需要高度定制的场景下的首选工具。然而，D3.js 的学习曲线相对较陡，要求用户具备一定的 JavaScript 编程基础，尤其是在处理动态效果和交互功能时，编写代码和调试的复杂度较高。由于其底层库的特点，开发者需要投入更多精力进行配置和调试，导致开发周期相对较长。因此，D3.js 非常适合需要高度自定义和交互效果的复杂数据可视化项目，但对于缺乏编程经验的用户，它可能并不是最理想的选择。

5. ECharts 与 pyECharts

ECharts 是由百度开发的一个功能强大的开源 JavaScript 库，用于在网页中创建交互式数据可视化图表(如图 7-18 所示)。它支持多种图表类型，如折线图、柱状图、饼图、散点图、热力图等，可以通过灵活的配置项和自定义功能来满足各种数据展示需求。ECharts 的主要特点包括高性能、支持大规模数据渲染、丰富的交互性(如缩放、拖曳、提示框)以及支持动画效果，广泛应用于网页开发、数据分析、实时数据监控等场景。

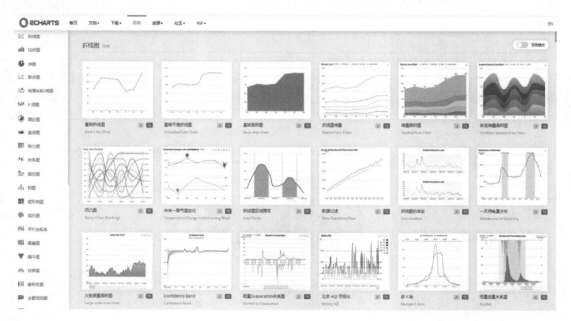

图 7-18　ECharts 界面

ECharts 的主要优点是它的开源且功能丰富，提供了大量图表类型和自定义选项，支持数据的交互式展示和实时更新，能够在网页中非常流畅地呈现复杂的可视化内容。它的高性能和跨平台支持，使得它在各种设备和浏览器中都能有良好的表现。然而，由于它是基于 JavaScript 的，学习曲线较陡，需要一定的前端开发经验来完全掌握图表的定制和数据绑定。此外，对于没有 JavaScript 背景的用户，可能会感到不太容易上手。

　　pyECharts 是一个 Python 包，是 ECharts 在 Python 环境中的封装，允许 Python 用户使用 ECharts 创建和展示图表（如图 7 - 19 所示）。通过 pyECharts，Python 开发者可以在 Jupyter Notebook、Flask、Django 等环境中利用 ECharts 绘制交互式图表，直接生成 HTML 文件或嵌入到网页中。pyECharts 提供了 Pythonic 的接口，使得 Python 用户能够更方便地调用 ECharts 的强大功能，而无需深入了解 JavaScript 代码。pyECharts 能够支持常见的数据分析与可视化任务，如生成动态图表、报告可视化以及与数据处理流程的结合。

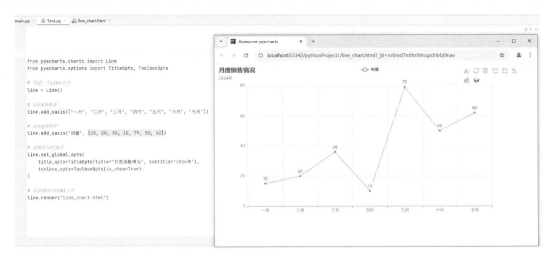

图 7 - 19　pyECharts 界面

　　pyECharts 在 Python 用户中逐渐流行，其最大的优势是能够直接与 Python 环境兼容，无需手动编写 JavaScript 代码，适合数据科学家、分析师等使用 Python 进行数据处理的人员。它简化了图表的创建过程，可以方便地将 ECharts 与 Python 的数据处理库（如 Pandas、Numpy）结合使用，尤其在 Jupyter Notebook 中表现优异。不过，pyECharts 作为 ECharts 的封装，其功能不如原生的 ECharts 强大，可能不支持某些高级的定制和交互功能。此外，因为它依赖于 ECharts，所以它同样面临学习曲线较为陡峭的问题，尤其在需要深入了解图表细节时，可能需要额外的 JavaScript 知识。

　　简而言之，ECharts 更适合那些拥有前端开发技能并希望通过 JavaScript 完全控制可视化效果的用户，而 pyECharts 则更适合那些已习惯 Python 工作流程并希望将 ECharts 与数据处理结合的用户。

6. Google Data Studio

　　Google Data Studio 是一款免费的商业智能和数据可视化工具，专为用户提供简便的方式创建报告和仪表盘（如图 7 - 20 所示）。它允许用户从多种数据源（如 Google Analytics、Google Sheets、Google Ads、BigQuery、MySQL 等）导入数据，并将数据以交互式图表的形式展

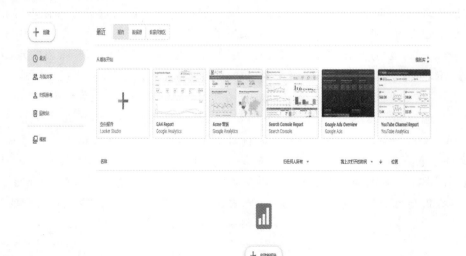

图 7 - 20　Google Data Studio 界面

示。Google Data Studio 提供了一种直观的拖曳式界面，用户无需编写代码即可创建专业的可视化报告和仪表盘。它特别适合营销人员、数据分析师和团队使用，可以在报告和数据分析过程中实现实时协作与共享。

Google Data Studio 的优点在于其免费、易用、与 Google 生态系统深度集成，并支持实时协作和跨平台共享，特别适合团队合作和快速创建报告。它的拖曳式界面使得非技术用户也能轻松上手，同时能够连接到多种数据源，特别是 Google 的服务。然而，它的功能相对简单，对于高级数据分析和复杂的可视化，可能无法满足需求。尽管支持多种数据源，但非 Google 数据源的支持较为有限，且在处理大规模数据时可能出现性能问题。此外，定制性较差，用户对图表和仪表盘的控制能力有限。

7.3.2　数据可视化工具选择技巧

选择合适的数据可视化工具时，需要考虑多个因素，包括数据的规模、可视化的复杂性、用户的技术背景以及工具的易用性。以下是一些常用的选择技巧，用户可根据不同需求选择合适的工具。

1. 数据规模和处理能力

对于小到中型数据集，如日常商业数据分析，Excel 是一个便捷的选择，尤其适合不具备技术背景的用户。它提供了多种内置图表，具有数据处理功能，但在处理大规模数据集时可能会出现性能瓶颈。

如果需要处理大规模数据集，并进行复杂的分析，Tableau 或 Power BI 更为适合。它们具有强大的数据处理功能和灵活的可视化选项，可以连接多种数据源并支持实时数据更新。Power BI 更适合与微软产品集成，而 Tableau 在功能上更为全面。

2. 可视化的复杂性和交互性

如果需要创建高度定制化和复杂的交互式图表，如网络图、树状图等，D3.js 是理想的选择。它允许开发者精确控制每个可视化元素，支持动态效果和过渡动画，适用于对数据呈现要求极高的场景。

ECharts 和 pyECharts 提供了丰富的交互性和高性能支持，适用于网页开发和实时数据监控。如果熟悉 JavaScript，可以直接使用 ECharts 创建图表，或者使用 pyECharts 在 Python 环境中绘制交互式图表，它们尤其在数据分析和报告生成中表现出色。

3. 用户技术背景

对于非技术用户，如业务分析师和经理等，Tableau 和 Power BI 提供了易用的拖曳式界面，适合快速生成可视化报表，用户无需编程即可进行数据分析。

对于数据科学家和开发者，尤其是需要对可视化进行高度自定义的情况，D3.js 和 ECharts 提供从底层 DOM 操作（D3.js）到高级配置项（ECharts）的全方位灵活控制，支持复杂图表（如桑基图、地理热力图）和动态交互（如数据实时更新、多维度筛选），因此 D3.js 和 ECharts 会是更好的选择。

4. 集成需求

如果需要与 Microsoft 产品（如 Excel、SQL Server 和 Azure）紧密集成，那么 Power BI 是最佳的选择，尤其适合需要团队协作和实时更新的业务场景。

如果依赖于 Google 产品（如 Google Analytics、Google Sheets 等），那么 Google Data Studio 会是一个免费的轻量级工具，适合与 Google 生态系统进行无缝集成。

5. 预算和成本

Excel 和 Google Data Studio 是免费的工具，适合预算有限的小型企业或个人使用。它们具有基础的数据处理和可视化功能，可以满足大多数基本需求。

Tableau 和 Power BI 具有强大的功能，但其商业版可能对预算有限的用户构成挑战。在这种情况下，可以考虑使用 Power BI 的免费版本，或者使用更有性价比的 Google Data Studio 和 pyECharts。

在选择合适的数据可视化工具时，考虑数据规模、可视化复杂性、用户技术背景、集成需求以及预算等因素至关重要。综合考虑这些因素，可以帮助人们选择最符合需求的数据可视化工具，从而更高效地进行数据分析和决策支持。

7.4　数据可视化技术

7.4.1　数据可视化技术基础

无论是选择合适的数据可视化工具，还是设计符合需求的图表和图形，都离不开数据预处理、编程语言、数据交互技术等数据可视化技术基础的支撑。它们能够使用户更深刻地理解数据的内涵。

1. 数据预处理

在进行数据可视化之前，必须对数据进行有效的预处理，以确保其准确性和完整性。数据可视化的质量在很大程度上依赖于输入数据的质量，因此，只有通过严谨的数据清洗和准备，才能保证最终的可视化结果能够真实、有效地反映实际情况。常见的数据处理方法如表 7-1 所示。

表 7-1　数据预处理方法

方法	描　　述
数据清洗	确保数据的准确性和一致性，去除噪声和错误数据，包括处理缺失值、重复记录、异常值等
数据转换	将原始数据转换为适合可视化的格式，如归一化数据、创建新的计算字段、聚合数据以减少维度等
数据聚合	对大量数据进行汇总，生成用于可视化的摘要统计信息，如平均值、总和、计数等
时间序列处理	对于涉及时间的数据，需要进行适当的日期和时间格式化，提取年、月、日、小时等时间单位，并处理时区问题

为了高效地进行数据预处理，可以利用多种工具：Python 中的 Pandas 库是一个强大的数据处理库，提供了丰富的函数和方法，能够轻松处理大规模数据集，支持数据清洗、转换、聚合等操作，并且与其他 Python 库(如 NumPy、Matplotlib)无缝集成；对于小型数据集，Excel 提供了一个简单易用的界面和丰富的内置函数，适合进行初步的数据清洗和探索性分析；通过编写 SQL 查询，可以直接在数据库中进行数据清洗和转换，特别适用于处理结构化数据，能够高效地执行复杂的筛选、连接和聚合操作；此外，专用数据清洗工具如 Trifacta 和 OpenRefine 专为数据清洗设计，提供了图形化界面和自动化功能，能够快速处理大量复杂的数据。这些工具各有所长，应根据具体需求选择最合适的工具，以确保数据预处理的高效性和准确性。

例如，某公司有一个产品销售数据的电子表格，其中存在一些缺失或错误的销售记录(如表 7-2 所示)，我们可以通过数据清洗工具去除这些缺失或错误的销售记录，确保只呈现真实的数据(如表 7-3 所示)用于分析和进行数据可视化。

表 7-2　清洗前的数据

日期	产品 ID	销售数量(个)	单价(元/个)	总金额(元)
2024-01-01	1001	5	100.0	500.00
2024-01-02	1002		80.00	
2024-01-03	1003	3	120.00	360.00

续表

日期	产品 ID	销售数量(个)	单价(元/个)	总金额(元)
2024 - 01 - 04		7	90.00	630.00
2024 - 01 - 05	1005	4	110.00	440.00
2024 - 01 - 06	1006	—2	70.00	—140.00
2024 - 01 - 07	1007	6	130.00	780.00
2024 - 01 - 08	1008	5		500.00

表 7 - 3 清洗后的数据

日期	产品 ID	销售数量(个)	单价(元/个)	总金额(元)
2024 - 01 - 01	1001	5	100.00	500.00
2024 - 01 - 03	1003	3	120.00	360.00
2024 - 01 - 05	1005	4	110.00	440.00
2024 - 01 - 07	1007	6	130.00	780.00

2. 编程语言

编程语言在数据可视化中发挥着重要作用，它们通过不同的库和框架，为用户提供了灵活的工具来处理、分析和展示数据。通过编程语言进行数据可视化，不仅能帮助用户创建定制化的图表，还能实现数据处理、交互式展示和动态更新等功能。以下是在数据可视化中常用的编程语言介绍。

1）Python

Python 是一种易学且功能强大的编程语言。它通过库如 matplotlib(用于静态图表)、seaborn(统计图形)、plotly(交互式图表)等，提供了多种数据可视化的解决方案，适合各种数据分析任务，尤其在数据探索和交互式展示中表现突出。

2）R 语言

R 语言是专为统计计算和数据可视化而设计的编程语言。R 语言能通过 ggplot2 等包，以灵活的语法生成高质量的统计图形，适合数据分析中的图形化展示。R 语言的优势在于其统计绘图功能和对数据集的细致探索能力。

3）JavaScript

JavaScript 主要用于 Web 开发，但它在数据可视化中也发挥着重要作用，特别是在创建交互式和动态图表时。通过库如 D3.js(强大的数据驱动图形)、Chart.js(轻量级图表)和Leaflet.js(地图可视化)，JavaScript 能够生成复杂、互动且自定义的图表，适合在线数据展示和 Web 应用。

每种编程语言在数据可视化中的优势和应用场景各有不同，Python 适合灵活的数据分析，R 语言专注于统计图表生成，而 JavaScript 则用于动态、交互性强的 Web 可视化。

3. 数据交互技术

当今数据可视化不仅仅关注静态的图表展示，更加注重交互性，使得用户能够主动探索和分析数据，进而深入理解数据背后的趋势与细节。交互式可视化不仅提升了用户体验感，还极大地增强了数据分析的深度和灵活性。实现交互式数据可视化的关键技术在于交互式可视化工具和前端开发技术的结合，这两者相辅相成，彼此补充，共同推动了数据可视化的发展。

交互式可视化工具为用户提供了多种与数据交互的方式，能够帮助用户深入挖掘数据的细节。随着数据的数量和复杂性的增加，交互式图表通过动态更新、缩放、点击等功能，极大地提升了数据的探索性和可用性。如 D3.js、Plotly 和 Shiny(R)等工具，能够根据数据变化实时调整图表，支持高度定制的交互效果，让用户不仅能看到整体趋势，还能通过鼠标悬浮、点击、缩放等操作与数据进行多维度互动。商业智能工具如 Tableau 和 Power BI 则通过简化操作流程，使用户能够快速创建交互式图表和仪表盘，尤其适用于业务分析场景。引入交互功能后，数据可视化不仅仅是"展示"工具，更成为了"探索"的利器，有助于用户在多维度上分析数据，发现潜在规律和异常。

前端开发技术（如 HTML、CSS、JavaScript）是实现交互式可视化的基础。例如，HTML 用于构建网页结构，为图表和交互元素（如时间轴、按钮、过滤器等）提供框架，确保图表正确嵌入并可交互。CSS 通过调整颜色、尺寸、字体等来提高图表的美观性和可读性，使用户在互动时能够清晰看到数据变化。JavaScript 则是交互式可视化的核心，处理用户的交互操作，如点击、拖曳、缩放、时间轴滑动等，并实时更新图表内容，确保数据展示与用户操作相匹配。通过这些前端开发技术，用户能够与图表进行多维度互动，动态地探索和分析数据。

7.4.2 数据可视化技术的应用

数据可视化技术可应用于以下领域。

1. 数据可视化技术在商业领域中的应用

在商业领域，数据可视化技术被广泛应用于销售与市场分析、财务报告与预算分析等方面。通过实时监控和分析业务数据，决策者能够快速识别问题、发现机会，并做出及时调整。

（1）销售与市场分析。企业市场部门可以通过数据可视化技术实时跟踪销售额、客户行为、市场趋势等关键信息，从而制定出优化的营销策略。

（2）财务报告与预算分析。企业财务部门可以通过数据可视化技术展示收入、支出、利润等数据，便于进行预算管理和财务健康状况监控。

如图 7-21 所示，其为某企业的大数据可视化平台，企业通过该平台的智能仪表盘实时追踪多项关键绩效指标，包括核心销售额数据、精细化消费结构占比以及新增会员增长趋势等重要业务指标。管理人员可通过自定义时间范围筛选、数据对比以及智能预警设置等功能，快速获取业务洞察。使企业能够及时发现销售异常、优化营销资源配置，并根据市场变化动态调整经营策略，从而显著提升运营效率和市场竞争力。

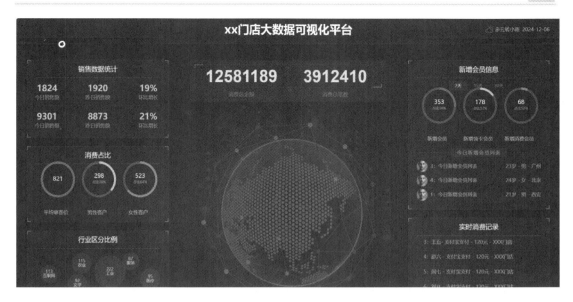

图 7 - 21　数据可视化技术在商业领域中的应用

2.　数据可视化技术在医学研究和公共卫生领域中的应用

在医学研究和公共卫生领域，数据可视化技术能够帮助相关人员或部门更好地理解疾病传播模式、分析治疗效果和制定公共卫生政策等。

（1）疾病传播跟踪。公共卫生部门通过热力图、时间序列图等展示疾病的传播轨迹，从而可以进行防控工作。

（2）患者健康监测。医生通过动态的健康仪表盘展示患者的体征数据（如心率、血压等），可以实时监控患者的健康状态。

如图 7 - 22 所示，其为某医院的病患数据分析平台，医院通过数据可视化技术展示某疾病的主要症状以及在不同年龄下的发病率、性别分布等数据信息，进一步帮助医生和公

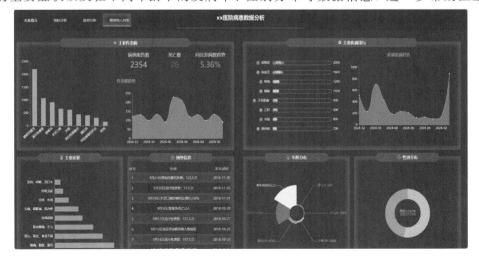

图 7 - 22　数据可视化技术在医学研究和公共卫生领域中的应用

共卫生专家识别该疾病高发区域和高风险群体。同时，政府可以根据这些数据制定健康政策和预防计划，如加强该疾病筛查和公共健康教育，而公众则可以通过这些信息提高对该疾病的警觉性，采取积极的健康管理措施，如改善饮食习惯和增加锻炼。

3. 数据可视化技术在政府与社会管理领域中的应用

政府机构和社会管理部门通过数据可视化技术分析社会、经济和环境等方面的数据，制定政策、进行资源分配以及监控公共服务的实施效果。

（1）社会、经济数据分析。政府通过图表展示失业率、收入分配、贫困率等社会、经济数据，可以制定相关政策。

（2）环境监控与气候变化。政府通过图表展示空气质量、温室气体排放、生态环境等变化，可以制定环保政策和应对气候变化政策。

如图 7-23 所示，其为某智慧社区利用数据可视化技术直观展示数据和信息，帮助居民和社区管理者实时监控社区状态、优化资源配置并快速响应问题，从而提升居民生活质量和社区管理效率。

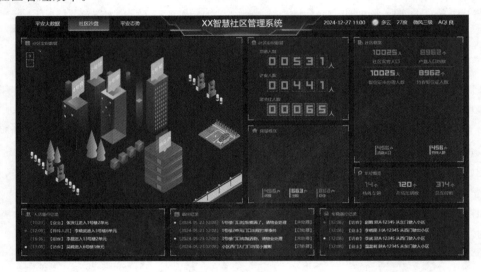

图 7-23　数据可视化技术在政府与社会管理领域中的应用

4. 可视化技术在科学研究领域中的应用

在科学研究领域，数据可视化技术被广泛应用于物理、化学、天文学、生态学等学科。研究人员通过数据可视化技术展示实验结果、分析复杂的科学数据，以从海量数据中提取出有价值的信息。

（1）天文数据。天文学家通过图形展示星体的运动轨迹、星系的分布等，助力宇宙结构研究。

（2）生物学数据。在基因组学中，生物学家利用数据可视化技术来分析基因序列、DNA 结构等复杂信息。

例如，科学家通过 3D 模型展示 DNA 双螺旋结构，帮助学生和研究者更清楚地理解其复杂的结构和功能。

5. 数据可视化技术在教育领域中的应用

数据可视化技术在教育领域中也发挥着重要作用。通过图表、动画和互动式可视化，学习者可以更轻松地理解和掌握复杂的知识点，特别是在涉及大量数据或抽象概念的学科中，数据可视化技术能够提高学习者的学习效率。

（1）数学与统计教学。通过可视化数学公式、函数和统计数据，学生能够更直观地理解抽象的概念。

（2）科学实验演示。实验数据和过程的可视化使学生能够更好地理解实验的原理和结果。

例如，在地理课堂上，教师可以通过地图展示世界各国的气候数据变化，让学生更直观地理解全球气候变化的影响。

6. 数据可视化技术在金融领域中的应用

在金融领域，数据可视化技术被广泛应用于股市分析、风险管理等方面。通过实时展示股票价格、市场指数、经济数据等，投资者可以更快速地做出投资决策，金融机构则能更好地进行风险预测和资金管理。

（1）股市分析。投资者可以通过实时股票走势图、K 线图等来跟踪股市行情，从而做出买卖决策。

（2）风险管理。金融机构通过风险矩阵、财务报表等展示关键指标，从而管理风险和进行资产配置。

例如，银行可使用柱状图展示不同地区的存款余额对比，用折线图展示某项指标的历史变化趋势，还可以通过仪表盘和雷达图等工具，对关键业务指标进行监测和预警，帮助管理者掌握业务状况，从而做出相应的决策。

综上可知，数据可视化技术在各个行业和领域中发挥着重要作用：从商业决策到公共健康，从科学研究到社会管理，它通过将复杂的数据转化为易于理解的视觉形式，帮助决策者快速洞察数据背后的趋势和模式，从而做出更加精准和高效的决策。随着技术的不断发展，数据可视化技术将不断拓展其应用场景，为各行各业提供更加丰富的洞察力，推动社会和经济的持续进步。

7.4.3　数据可视化技术的挑战

尽管数据可视化技术在数据分析和传达信息中具有重要作用，但在实际应用中还面临以下诸多挑战。

1. 数据量过大

随着数据规模的迅速增长，大量数据在可视化时可能导致信息密集、图表过于复杂。如何在展示完整数据的同时保持图表清晰，成为一大挑战。例如，在展示全球范围内的实时传感器数据时，可能会出现大量数据点，使图表难以读取，此时可以通过数据聚合、抽样或使用交互式图表来应对这一问题。

2. 多维数据的呈现

当数据包含多个维度或变量时，在二维平面上展示这些数据变得困难。多维数据的可视化往往需要更复杂的图表设计，如平行坐标图、雷达图等。例如，市场研究中对多个品牌的产品进行分析时，可能需要展示价格、质量、用户评价等多维数据，此时可以采用雷达图来对比不同品牌在各维度的表现，但过多维度可能会导致图表复杂难读。

3. 色彩和视觉设计的平衡

颜色是区分和突出数据的重要工具，但色彩过多会使图表显得杂乱，过少则可能导致区分困难。同时，色彩对比度不足可能影响可读性，尤其对于色觉障碍者。例如，在展示各年龄段健康状况的热力图中，色彩对比度过强或颜色过多可能会让人混淆不同类别的含义。因此，选择合适的色彩方案，遵循色彩的视觉设计原则非常关键。

4. 数据的准确性与误导性

数据可视化的设计和展示方式可能会影响人们对数据的解读。通过改变坐标轴范围、比例尺等方式，可能会产生误导效果。因此，保持数据的准确性和展示的公正性是设计时要重点考虑的要素。例如，展示公司利润增长率时，如果图表纵轴不从零开始，可能会夸大增长效果，误导观众。设计时应确保数据展示符合实际情况，不偏向某一观点。

5. 动态数据的更新

动态数据（如实时监控数据或股票行情数据）需要不断更新，这给可视化带来了挑战。实时数据可视化需要高效的处理和渲染，以保证数据的及时性。例如，电商平台的实时交易数据需要频繁刷新更新，以反映当前的销售情况。可以通过设计自动刷新机制或使用流式数据处理工具来保持数据的时效性。

6. 不同设备与平台的兼容性

数据可视化在不同设备和平台上展示时，可能会出现兼容性问题，尤其是移动端设备屏幕较小，难以清晰展示复杂图表。这就要求设计具备响应性，能够适应多种屏幕尺寸。例如，数据仪表盘在电脑上清晰易读，但在手机端可能出现缩放或内容被切割的情况。为解决此问题，可以设计简洁、响应式的图表，确保在不同设备上均能清晰呈现。

7. 人们的理解水平差异

数据图表的设计应考虑人们的知识水平和认知能力。过于复杂或技术性较强的图表可能使非专业人员难以理解。因此，选择合适的图表类型和标签设计尤为重要。例如，展示气候变化的趋势时，对于专业人员，可以展示气温、二氧化碳浓度等详细数据，但对于非专业人员，使用温度变化折线图并配以简单解释可能更直观。

8. 隐私与数据安全

数据可视化涉及数据展示，而某些数据具有敏感性，可能涉及隐私和数据安全问题。在数据可视化过程中，需要对敏感数据进行保护，并遵循数据隐私的法规。例如，在展示客户数据的图表时，为保护个人身份信息，可采取数据匿名化、聚合展示等方式。

本 章 小 结

本章详细介绍了数据可视化的基本概念、常见图表类型、工具、技术基础及应用与挑战。数据可视化能够将复杂数据转化为人们易于理解的图形,有助于人们迅速识别数据中的趋势、模式和关系,提高决策效率和沟通效果。不同的图表类型如柱状图、折线图等,适用于不同的数据展示需求,良好的设计原则是有效传达信息的关键。

在工具方面,Excel、Tableau、Power BI、D3.js 等各具优势,用户可以根据需求选择最合适的工具来处理和展示数据。数据可视化技术基础包括数据预处理、编程语言、数据交换技术等,确保了数据能够高效、精确地呈现。尽管数据可视化在多个领域有广泛的应用,如商业、医学、科学研究、政府管理等,但也面临如数据量过大、维度呈现复杂、实时更新、色彩平衡、设备兼容性等挑战。随着技术的发展,这些挑战将逐步得到解决,从而推动数据可视化技术的不断进步和更广泛的应用。

总之,数据可视化不仅提升了数据分析的效率和效果,还为各行业的决策提供了有力支持,同时也促使数据展示方式不断创新和优化。

习　题　7

1. 简述数据可视化的定义和目标。
2. 简述数据可视化的主要特征。
3. 简述数据可视化图表选择与设计的基本原则。
4. 试对比分析常见的数据可视化工具(如 Tableau、Power BI、D3.js)的优缺点。

第 8 章 数 据 安 全

知识目标：

1. 了解数据安全及隐私保护的相关措施。
2. 熟悉数据备份及数据容灾。

能力目标：

1. 根据大数据安全、隐私保护技术防止数据泄密。
2. 能够进行数据备份。

课程思政： 数据安全是数据科学重要保障，关系国家利益、企业竞争力和个人隐私；学习数据安全知识，增强国家安全和保密意识，遵守法律法规，保护数据安全，维护国家网络空间安全。

在数据科学的版图中，大数据安全是至关重要的拼图板块。本章着重强调大数据安全的紧迫性和重要性，深入剖析大数据安全、大数据安全与隐私保护技术，以及数据备份与容灾机制等核心内容，从多个维度展开分析，并提供切实可行的应对策略，旨在帮助读者更好地理解和应对大数据时代潜藏的各类风险与挑战。

8.1 数据安全概述

数据安全是指保护信息系统或信息网络中的数据资源免受各种威胁和破坏的过程，确保数据的机密性、完整性和可用性。根据数据应用场景的差异，数据安全可划分为传统数据安全与大数据安全两个领域。前者主要聚焦于对静态数据的保护，后者聚焦于对动态、海量且多样化的数据的处理，更加突出强调数据的安全性和隐私保护。

8.1.1 传统数据安全

传统数据安全是指信息技术发展初期为保护数据资源而采取的一系列安全措施和管理策略，其主要目标是防止数据遭受未经授权的访问、篡改或泄露，确保数据的机密性、完整性和可用性。

考虑传统数据安全中数据规模较小、数据存储集中以及访问模式相对固定等特点，所面临的威胁可概括为三个方面。

1. 计算机病毒

计算机病毒是一类具有自我复制能力并可传播的恶意软件，对计算机系统的正常运行带来严重威胁。病毒不仅可能破坏数据的完整性和准确性，还可能导致系统性能下降，甚至引发系统崩溃等灾难性后果。特别是木马病毒，常伪装成合法软件，诱导用户下载和执行，进而窃取敏感信息、实现远程控制，甚至破坏目标设备。

2. 黑客攻击

黑客攻击是指攻击者通过识别并利用系统或网络中的安全漏洞，未经授权非法侵入系统的行为。攻击者的目的多种多样，包括窃取敏感数据、篡改信息、实施拒绝服务攻击或操控网络资源。此类攻击对信息安全构成严重威胁，不仅侵犯用户隐私与数据安全，还可能对企业及组织的业务运营造成重大损害。

3. 存储介质损坏

存储介质的物理损坏直接威胁数据安全，可能导致数据丢失或难以恢复，凸显了物理层面上加强对数据存储与传输保护的重要性。常见的物理安全如表 8-1 所示。

表 8-1　物理安全类型

分　类	具　体　描　述
自然灾害和设备故障	地震、洪水等不可抗力事件；硬盘损坏、设备老化、外力损伤等导致的物理损坏；停电、断电等突发设备故障
电磁干扰和信息泄露	电磁辐射，保管不善导致的口令、密钥等痕迹泄露
操作失误和意外	意外删除文件、格式化硬盘、错误拆除线路等人为操作失误；其他意外事件和人员疏忽

传统数据安全的核心要素包括保密性、完整性和可用性等三个方面。保密性又称机密性，指防止未经授权的用户访问或获取数据，从而保护数据免受破坏或泄露。例如，数据加密、数据隐藏、访问控制是增强保密性的常用方法。完整性指确保数据在存储和传输过程中免遭未经授权的篡改、损坏或销毁，同时能够及时发现可能的篡改行为。例如，数字签名利用哈希函数生成数据的摘要（哈希值），并对摘要进行加密形成签名；接收方在验证签名时，会重新计算数据的哈希值，并与解密后的签名摘要进行对比，如果两者一致，说明数据在传输过程中未被篡改，这种机制确保了数据的完整性。可用性是指确保数据和信息系统在需要时能够被授权用户访问和使用，同时防止因故障、攻击或其他威胁导致的服务中断。例如，本章后续内容介绍的备份与恢复技术等。

然而，随着数据规模和复杂度的不断增长，传统数据安全面临着计算机病毒、黑客攻击以及存储介质损坏等多重威胁，这些威胁进一步凸显了数据保护的严密性和多层次防护的必要性。随着大数据时代的到来，数据安全的复杂性和多样性进一步加剧，这促使大数据安全成为当前信息保护领域的焦点。

8.1.2　大数据安全

传统数据安全措施在防止未授权访问、数据泄露、篡改及破坏等方面发挥了重要作用，取得了显著成效。然而，进入大数据时代以来，数据呈现出规模庞大、增长迅速、类型繁多等特征，传统数据安全方法已难以满足其复杂需求。在继承数据安全保密性、完整性和可用性核心原则的基础上，亟需提出新的安全策略与防护措施。大数据安全是基于大数据环境而构建的全新安全体系，以数据全生命周期的安全管理为核心，通过系列措施确保数据的机密性、完整性和可用性，防止数据被非法获取或篡改。其中，全生命周期涵盖了数据采集、存储、传输、使用、共享和销毁等诸多关键环节。

大数据安全问题贯穿于其全生命周期，成因复杂多样，主要涉及外部攻击、内部泄露、传统技术缺陷等。现介绍大数据安全问题的主要影响因素。

1. 传统数据安全防护技术的缺陷

大数据平台面临的被攻击手段日益复杂多样，传统入侵检测系统、防火墙等安全防护技术已难以满足当前的安全防护需求。例如，攻击者的目标已从单纯窃取数据转向操纵分析结果，这种攻击行为更加隐蔽，传统安全技术难以有效应对。攻击者可能通过篡改数据或操纵算法，影响数据分析的准确性和可靠性，进而误导决策，造成严重的业务风险。

2. 大数据分布式存储的风险

第 6 章所介绍的云计算平台的广泛应用使得资源利用率显著提升，但同时也带来了新的安全挑战。尤其是大数据分布式存储系统面临着数据泄露、非法访问、数据损坏和服务中断等诸多安全风险。例如，海量信息成为黑客攻击热点目标，一旦遭遇攻击，大量数据信息可能在短时间内被窃取，给企业和用户带来不可估量的损失。

3. 平台安全机制不完善

目前，市场上相当数量的大数据平台是基于开源体系构建的，这些架构在安全机制方面存在明显短板。例如，身份鉴别和访问控制能力不足、缺乏内置的安全审计功能、漏洞检测能力有限等问题普遍存在。

4. 新型虚拟化网络技术的局限

为满足大数据环境下网络架构的可扩展性需求，软件定义网络和网络功能虚拟化等虚拟化技术迅速发展，显著增强了网络的可扩展性和灵活性。然而，这些技术也带来了新的安全挑战。具体表现看，虚拟化技术实施导致网络控制与数据转发的分离，网络边界变得模糊，增加了外部攻击的风险。

此外，在商业利益驱动下，部分企业未经用户同意，滥用其隐私数据，导致隐私泄露和恶意使用的风险加剧，带来严重的安全问题。大数据安全问题的成因复杂多样，涉及技术、架构和攻击手段等多个层面。为有效应对这些挑战，需要从技术防护、安全管理、员工培训等多方面着手，构建全方位的安全防护体系。

在技术防护方面，数据加密是保障数据机密性的关键。通过对敏感数据进行加密处理，确保数据在存储和传输过程中不被窃取、篡改或泄露，从而有效保护数据的完整性和保密性。此外，结合用户身份验证与权限管理，采用基于角色的访问控制或基于属性的访问控制方法，能够实现细粒度的权限管理，精准控制用户对敏感数据的访问权限，进一步强化数据安全防护。同时，数据备份与恢复策略强调定期备份数据，并建立高效的数据恢复机制，确保在数据丢失或损坏时能够快速恢复，最大限度减少业务中断，保障数据的可用性。

在安全管理方面，数据采集和存储是关键环节。数据采集阶段，需明确数据的来源渠道、格式和采集方式，确保数据来源合法合规，并建立严格的数据使用和共享审核流程，保障数据在合法合规的范围内被使用。在数据存储环节，建议采用加密存储和分布式存储等安全技术，防止数据被篡改或泄露，从而全过程守护数据安全。同时，应构建完善的安全管理体系。如制定涵盖数据分类、访问控制等内容的数据安全策略，定期开展安全审计和风险评估，及时发现并修复潜在的安全隐患。

此外，通过定期培训员工，强化其数据安全意识，确保其严格遵守数据操作规范，筑牢安全意识的防线。

8.1.3　数据安全典型案例

大数据安全问题一直是业界高度关注的焦点，近年来频发的安全事件更是凸显了该领域的严峻挑战。以如下案例为代表的安全事件深刻反映出大数据安全所面临的复杂形势和潜在风险，也为整个行业敲响了警钟。

1. "水龟攻击"事件

2024 年 1 月，安全研究人员发现互联网上约有 1100 万台 SSH(Secure Shell Protocol，加密的网络传输协议)服务器暴露(我国约 130 万台)，存在安全隐患，较易受到"水龟攻击"。"水龟攻击"通过操纵 SSH 协议握手过程中的序列值，破坏通道的完整性。该攻击潜伏期较长，且难以被及时发现，给个人和企业带来了极大安全风险。此事件突显了加强系统漏洞修补和网络安全防护的迫切性。

2. 勒索软件攻击事件

2024 年 3 月，我国某家高新技术企业遭遇境外黑客组织的勒索软件攻击，企业的信息系统和数据被加密锁定，导致生产经营活动被迫暂停。经调查发现，该黑客组织不仅对该企业实施了攻击，还对我国数百家企业和政府机构进行了渗透，企图开展更大规模的犯罪活动。此次事件彰显网络安全防护的重要性，尤其是加密传输和内部邮箱管控等措施的必要性。

2024 年至今，我国发生了多起数据安全事件，引发了社会各界的高度关注。上述数据安全事件不仅严重侵犯了个人隐私，还对国家安全、经济社会发展构成了严峻挑战。为了应对数据安全挑战，我国相关部门已出台多项措施，包括制定数据安全应急预案，明确数据泄露事件的分级和应急响应机制。同时，国家不断完善数据安全政策体系，加强对关键信息基础设施和重要数据资源的保护。

作为数据科学的学习者，我们肩负着推动数据科学健康发展的重要使命。一方面，应深入学习相关法律法规，增强法律意识，严格遵守数据保护的规范和要求，做数据安全的坚定践行者；另一方面，应不断提升自身的专业素养，掌握前沿的安全技术和防护手段，以扎实的专业能力筑牢数据安全的防线，做数据安全的可靠守护者。

8.2　大 数 据 隐 私

近年来，数据泄露事件不断增加，涉及个人隐私、企业机密和社会公共利益，大数据隐私问题备受关注。大数据隐私是指个人或组织对其所拥有或控制的数据享有私密性、安全性和自主性的权利。其中，大数据隐私范围涵盖个人、企业、组织和社会的多个层面。如隐含账户、GPS 定位等个人隐私；又如财务数据、知识产权等商业隐私；又如用户画像、数据关联分析的数据衍生隐私等。

8.2.1 大数据隐私问题

大数据隐私问题的发展历程与技术进步密切相关。早期，隐私保护主要集中在个体基本身份信息的保护，技术手段以数据脱敏和加密为主。随着大数据时代的到来，隐私问题愈发复杂，数据的广泛收集和深度分析使得隐私保护面临更大挑战。为应对上述挑战，差分隐私、同态加密、区块链等先进技术逐渐应用于隐私保护，进一步提升了数据安全性和隐私性。例如，区块链则通过去中心化和加密技术，确保数据的安全性和不可篡改性。当前，各国政府都致力于大数据隐私保护的立法工作。尤其是，我国已形成以《中华人民共和国网络安全法》《中华人民共和国数据安全法》《中华人民共和国个人信息保护法》等为核心的法律法规体系，为数据隐私保护提供了坚实的法律基础。未来，随着技术的不断创新和法律体系的逐步完善，大数据隐私保护将更加智能化和协同化，进一步实现数据利用与隐私安全之间的动态平衡。

隐私概念已从传统的秘密扩展到了个人信息、事务和领域等方面。大数据时代隐私问题具有范围扩大且难界定、权利归属复杂以及保护困难等特点。例如，隐私保护涉及个人属性、行为痕迹、位置、消费和社交网络等信息。又例如，不同主体对大数据拥有收集、控制、处理的权利，产生多层次、多性质的权利归属问题。

数据驱动的商业智能发展以及数据隐私法律框架和保护面临的挑战，反映了隐私保护意识的觉醒和技术法规的逐步建立的现状。接下来，将深入探讨数据与算法透明性及大数据隐私保护政策。

8.2.2 数据与算法的透明性

数据与算法的透明性是保护个人隐私的关键，它不仅是构建用户信任的基础，也是确保法律法规得以遵守、防范数据泄露风险的重要保障。

1. 数据、算法透明性与隐私保护的关系

数据透明性要求数据收集、处理和分析过程公开可追溯，确保用户能够了解信息如何被使用。因而，数据透明性对于保护个人隐私至关重要。算法透明性关注算法设计和决策过程，尤其是在机器学习模型中，透明度能防止歧视和不公平决策，增强公众对技术的信任。

2. 数据与算法透明性的实际挑战

尽管法律法规为企业处理用户数据提供了指导，但实际执行中仍存在监管不力的情况。例如，一些企业在收集和使用用户数据时缺乏足够的透明度，导致用户不清楚自己的数据被用于何种目的，引发用户对隐私的担忧。

3. 隐私保护技术的实际应用

为了增强数据透明性和算法透明性，企业可以采用隐私保护技术，如差分隐私，确保在数据分析过程中不泄露用户的个人隐私信息。这些技术能够在保护用户隐私的同时，实现数据的有效利用和分析。

数据与算法的透明性在大数据隐私保护中扮演着重要角色。透明性不仅有助于提高系统的可信度和用户满意度，还能促进数据和算法的负责任使用。同时，透明性为问题追溯、算法改进和伦理讨论提供了可能。然而，实现透明性需在隐私保护与透明化之间找到平衡，这既是技术挑战，也是社会责任，离不开法律、技术和社会各界的共同努力。

8.2.3 大数据隐私保护政策

我国高度重视大数据安全与隐私保护问题，从 2009 年起陆续出台了相关政策和法律（表 8 - 2），为大数据隐私保护提供了法律依据和制度保障。

表 8 - 2 大数据隐私保护有关文件（节选）

年份	内 容	说 明
2013	《电信和互联网用户个人信息保护规定》	收集、使用个人信息的规则和信息安全保障措施要求
2015	《促进大数据发展行动纲要》	完善大数据安全保障体系
2015	《中华人民共和国刑法修正案（九）》	网络个人隐私信息提供刑法防护
2016	《中华人民共和国国民经济和社会发展第十三个五年规划纲要》	建立大数据安全管理制度
2016	《中华人民共和国网络安全法》	网络运营者对个人信息的防护
2017	《中华人民共和国民法总则》	个人信息自主权
2021	《中华人民共和国数据安全法》	数据安全管理制度
2021	《中华人民共和国个人信息保护法》	个人信息的处理
2024	《网络数据安全管理条例》	网络数据处理

我国在大数据隐私保护方面呈现的特点为：法律体系逐步完善、数据安全管理逐步强化、个人信息保护全面升级等。我国在大数据隐私保护方面的政策框架日益完善，从隐私权保护到数据安全管理，形成了系统化的法律保障体系。

8.3 大数据安全和隐私保护相关技术

随着安全与隐私问题的愈发严峻，数据全生命周期的安全保障成为亟待解决的核心议题。如何在数据的产生、收集、存储、处理、传输、共享与销毁等各个环节中，有效防止数据泄露、篡改及滥用，已成为业界高度关注的热点问题。面对这些复杂而严峻的挑战，发展并应用大数据安全与隐私保护技术显得尤为关键且迫切。本节将深入剖析具有代表性的关键技术，探讨它们在大数据环境中的重要作用以及切实可行的实施方式。

8.3.1 大数据安全相关技术

数据泄露、篡改、非法访问和滥用等安全问题日益凸显，成为亟待解决的挑战。为此，一系列关键技术得以发展和完善。目前，大数据安全技术主要包括数据加密技术、数据真实性分析与认证技术、访问控制技术、数据溯源技术以及安全审计技术等。这些技术相互配合，共同构建起坚固的数据安全防线。

1. 数据加密技术

数据加密技术通过将明文数据转换为密文数据，确保数据在传输和存储过程中不被窃取或篡改，从而保护数据的机密性和完整性。其基本原理是使用加密算法和加密密钥将明文数据转换为密文数据，使未授权用户无法解读数据内容。解密则是将密文数据还原为明文数据。加密和解密过程依赖于加密算法和密钥。数据加密技术的分类如下。

1）数据传输加密技术

数据传输加密技术的目的是对传输中的数据流进行加密，防止数据在传输过程中被窃取或篡改。数据传输加密技术主要类型包括线路加密和端到端加密，如表 8-3 所示。

表 8-3 数据传输加密技术类型及描述

类型	描述
线路加密	在整个传输路径上对数据进行加密，确保数据在传输过程中始终是密文形式
端到端加密	在数据发送方到接收方的整个传输过程中，保障数据在多节点传输中始终加密，不被解密

2）数据存储加密技术

数据存储加密技术的目的是防止存储环节上的数据失密，确保数据在静止状态下的安全性。数据存储加密技术主要类型包括密文存储和存取控制，如表 8-4 所示。

表 8-4 数据存储加密技术类型及描述

类型	描述
密文存储	将数据以加密的形式存储在存储介质中，确保即使存储介质被盗或被访问，数据也无法被直接读取
存取控制	通过访问控制机制，限制对加密数据的访问权限，确保只有授权用户才能解密和访问数据

3）数据完整性鉴别技术

数据完整性鉴别技术的目的是对介入信息传送、存取和处理的人的身份和相关数据内容进行验证，确保数据的完整性和真实性。数据完整性鉴别技术主要方法包括数字签名和消息认证码（Message Authentication Code，MAC），如表 8-5 所示。

表 8 - 5　数据完整性鉴别技术方法及描述

方法	描　述
数字签名	使用私钥对数据进行签名，接收方使用公钥验证签名
MAC	使用对称密钥生成消息认证码

4）密钥管理技术

密钥管理技术的目的是确保密钥的安全性和有效性，防止密钥被泄露或滥用。密钥管理技术主要环节包括密钥生成、密钥分配、密钥保存、密钥更换和密钥销毁，如表 8-6 所示。

表 8 - 6　密钥管理技术环节及描述

环节	描　述
密钥生成	生成安全的密钥，确保密钥的随机性和唯一性
密钥分配	安全地将密钥分发给需要使用密钥的各方
密钥保存	妥善保存密钥，防止密钥丢失或被盗
密钥更换	定期更换密钥，降低密钥被破解的风险
密钥销毁	在密钥不再需要时，安全地销毁密钥，防止密钥被滥用

数据加密技术通过多种手段确保数据在传输和存储过程中的安全性，防止数据被窃取、篡改或滥用。数据传输加密技术、数据存储加密技术、数据完整性鉴别技术和密钥管理技术共同构成了一个多层次、全方位的数据保护体系，为企业和个人提供了强大的安全保障。

2. 大数据真实性分析与认证技术

数据真实性分析与认证技术确保大数据的来源真实可信，防止数据伪造和失真。其基本原理为，通过技术手段验证数据的来源、完整性和真实性。它依赖于加密算法、哈希函数、数字证书等安全技术，确保数据未被篡改，并可以追溯到其原始来源。数据真实性分析与认证技术的分类如下。

1）数字签名技术

数字签名技术通过使用发送方的私钥对数据进行签名，接收方使用发送方的公钥进行验证，确保数据的真实性和完整性。数字签名不仅证明了数据的来源，还确保了数据在传输过程中未被篡改。数字签名要能够实现网上身份的认证，必须满足真实性、完整性、不可抵赖性三个要求，如表 8-7 所示。

表 8 - 7　数字签名认证要求

要求	描　述
真实性	接收方可以确认发送方的真实身份
完整性	接收方不能伪造签名或篡改发送的信息
不可抵赖	发送方不能抵赖自己的数字签名和发送的内容

2）数字水印技术

数字水印技术是一种先进的数据保护手段，其将特定信息嵌入数据之中，这些信息在正常情况下几乎不可见，却能通过特定算法精准检测出来。同时，数字水印技术不仅为数据的安全性、隐蔽性和鲁棒性提供了坚实保障，还能显著提升数据的敏感性，使其在面对侵权或篡改时能够迅速发出警示，为数据的完整性和归属权提供有力证明。

3）生物识别技术

生物识别技术通过分析个人的生物特征（如指纹、面部、虹膜等）来验证个人的身份。在大数据环境中，生物识别技术可以用来确认数据发布者的真实身份，增加数据认证的可信度。

4）数据挖掘认证技术

数据挖掘技术通过分析数据模式和异常行为来识别数据的真实性和可信度。基于数据挖掘的认证技术指的是收集用户行为和设备数据，并对这些数据进行分析，通过鉴别操作者行为及其设备使用信息来确定其身份。

相较于数字签名和数字水印技术，该技术安全性进一步增强，也减轻了用户负担。此外，通过统一的行为特征实现网络空间身份验证，简化了多系统多认证方式的复杂性。

3. 访问控制技术

访问控制技术是保障数据安全的关键防线，其核心在于确保只有经过严格授权的用户才能访问敏感数据，从而有效防止未经授权的数据访问行为。其基本原理是通过实施精细的安全策略，精准地控制用户对各类资源的访问权限。该技术依赖于身份验证、授权和审计等关键机制，确保合适的用户能够在合适的时间、合适的地点访问到合适的数据，从而在保障数据安全的同时，兼顾用户访问的合理性和高效性。访问控制技术的分类如下。

1）基于角色的访问控制技术

基于角色的访问控制是一种常见的访问控制模型，它通过定义角色和权限的关系来间接分配权限。用户被分配到一个或多个角色，每个角色具有特定的权限集合。这种模型简化了权限管理，提高了灵活性，但在分布式环境中管理困难，控制力度不足，且易受合谋攻击。

2）基于属性加密的访问控制技术

基于属性加密的访问控制是一种更为灵活的技术，它使用属性集来描述用户的身份信息和资源信息。加密者在加密数据时设定访问规则，并将这些规则以密文形式存储。用户访问数据时，需要出示满足访问规则的属性证书。这种技术提供了强大的表达能力，允许通过属性集描述复杂的安全策略，但属性计算耗时，且在用户属性频繁变化时，需要频繁更新属性集，消耗计算资源。

3）基于风险的访问控制技术

基于风险的访问控制考虑了访问请求的风险因素，动态调整访问控制策略。这种技术适用于复杂系统，其中访问需求可能随时间变化，导致原有的访问控制策略不再适用。基于风险的访问控制通过评估访问请求的风险，决定是否授权访问，从而提供更灵活和适应性强的访问控制。

基于角色的访问控制技术、基于属性加密的访问控制技术和基于风险的访问控制技术共同构成了一个多层次、全方位的访问控制体系，为企业和个人提供了强大的安全保障。

4. 数据溯源技术

数据溯源技术的基本思路是通过记录和追踪数据的来源、传输路径和处理过程，确保数据在整个生命周期中的状态可以被追踪和审计。它依赖于日志记录、参数标记、网络包分析等技术，确保数据的来源和变化可以被准确追踪。数据溯源技术的分类如下。

1）标记法

标记法是通过给数据添加原始数据（如背景、时间等）来实现溯源的方法。这些原始数据随着数据的传播而被保留，使得数据的来源和变化可以被追踪。标记法实现简单、但不易管理，需要额外的存储空间，并且在大规模系统中效率相对较低。

2）反向查询法

反向查询法通过构造反函数来追溯数据来源的方法。由于只需要存储少量的元数据即可实现对数据的溯源追踪，它适合细粒度数据的溯源。相较于标记法，反向查询法的优点是存储空间小，追踪简单。然而，实现较为复杂。

数据溯源技术通过多种手段确保数据的真实性和可追溯性，防止数据被篡改或伪造。

5. 安全审计技术

安全审计技术的基本思想是记录用户的访问过程和各种行为。审计覆盖企业业务、资源和大数据，重点关注账号、授权等关键领域，形成并分析审计数据，实时监控系统，快速识别并响应可疑行为，记录违规事件。

由于大数据具有易复制性，在发布数据进行数据共享之前，需审计以确保数据的完整性、真实性和有效性，降低云服务信任风险，并在数据安全事件发生后为数据溯源提供支撑。

传统安全审计技术如日志分析、网络监听、网关监控和代理审计等因海量日志数据的复杂性和处理难度，已难以满足现代安全审计的需求。面对大数据带来的挑战，亟须更新安全审计方法，以提升安全审计效率和准确性。如基于规则的安全审计、基于统计的安全审计、基于特征自学习的安全审计等，如表 8-8 所示。

表 8-8　安全审计技术

类型	描　　述	特点
基于规则	通过提取攻击特征比对网络数据，识别攻击	适用于已知入侵模式
基于统计	通过分析正常状态下的统计量（如流量平均值、方差），设定临界值（即正常数值和非正常数值的分界点），随后对比实际量，判断攻击并响应	通过统计量判断攻击
基于特征自学习	通过数据挖掘和关联分析，能快速检测未知入侵，预警可疑行为	适用于未知入侵模式

8.3.2 大数据隐私保护相关技术

目前，应用最广泛的隐私保护技术有数据隐藏、数据脱敏、数据发布匿名、基于差分隐私的数据发布等。现做详细介绍。

1. 数据隐藏

大数据多样性和动态性使得匿名数据仍可通过数据挖掘技术泄露隐私。数据隐藏是一种针对数据挖掘的隐私保护技术，旨在提高大数据可用性的同时，防止隐私泄露。在数据隐藏方面的研究包括数据扰动（Data Perturbation，DP）和安全多方计算（Secure Multi-Party Computation，SMC）等方法。

1）数据扰动

数据扰动是通过在原始数据上添加噪声或进行变换，以保护数据的隐私和机密性。其主要目的是在保持数据有用性的同时，防止敏感信息被直接识别或推断出来。常见的数据扰动方法如表 8-9 所示，该方法常用于数据发布、数据分析和数据共享等涉及个人隐私和敏感信息的场景。

表 8-9 数据扰动常见方法

方 法	描 述
差分隐私	通过添加足够的噪声来保证数据的隐私性，使得单个数据记录的增加或删除对数据集的影响最小化
加噪	在数据中加入拉普拉斯噪声或高斯噪声等，以保护数据的隐私性
特征扰动	对某些特征进行随机的小幅度扰动，以产生新的数据点
生成对抗网络（GANs）	使用 GAN 生成与原始数据分布相似的新样本
自回归模型（Autoencoders）	通过压缩和重建数据，生成新的、相似的数据样本
线性插值	在线性空间中通过插值生成新样本，适用于回归问题

需要指出的是，数据扰动技术虽然在隐私保护方面具有显著优势，但其应用也面临诸多挑战。首先，数据扰动虽然能够有效保护隐私，但过度扰动可能导致数据失去原有的统计特性和分析价值。其次，如何选择合适的扰动强度是数据扰动过程中的关键挑战之一。最后，数据扰动还可能影响模型的收敛速度和训练效率。由此，数据扰动技术在隐私保护领域具有重要价值，但在实际应用中需要综合考虑隐私保护、数据可用性、模型性能和计算效率等多方面因素，以实现最佳的应用效果。

2）安全多方计算

安全多方计算允许多个数据拥有者在无可信第三方情况下协同计算并输出结果，确保参与者隐私不被泄露。每个参与者只能获得自己的输出结果，无法了解其他参与者的输入或输出信息。安全多方计算技术主要涉及参与者间协同计算及隐私信息防护问题，具有输入隐私性、计算正确性及去中心化等特点。

安全多方计算技术对于保护隐私和秘密共享至关重要,适用于数据交换、安全查询和联合分析等场景。

2. 数据脱敏

数据脱敏(Data Masking)是指对识别出的敏感信息按脱敏规则进行数据的变形,以实现对敏感隐私数据的保护。这种方法在处理客户安全数据或商业敏感数据时尤为重要,它允许在不违反法律法规和系统规则的前提下,对真实数据进行必要的改造,以便在测试环境中使用。如表8-10所示,身份证号、手机号、学工号等个人信息在不泄露个人隐私的前提下,需要进行脱敏处理。识别数据对象中的敏感信息时,通常采用自动化敏感信息识别技术和机器学习方法,构建已知敏感信息知识库,而后对疑似敏感信息进行匹配。

表 8 - 10 数据脱敏变化

原始数据	脱敏规则	脱敏后数据
身份证号:123456789012345678	隐藏中间 10 位	1234 * * * * * * * * * * 5678
手机号:15900008000	隐藏中间 4 位	159 * * * * 8000
学工号:2024130140	隐藏最后 2 位	20241301 * *

3. 数据发布匿名

数据发布匿名技术可以保护个人隐私,确保数据公开可用,同时隐藏个人与数据记录的联系。主要技术有 k -匿名、l-diversity 匿名、m-invariance 匿名等。现对 k -匿名方法进行简单介绍,对相关技术感兴趣的读者可自行查阅相关资料学习。

以下是关于数据发布匿名技术的几个关键概念:

(1)标识符:直接识别个体的属性,如用户 ID、姓名等。

(2)标准标识符集:通过与外部数据结合来间接识别个体的最小属性集,如{省份,性别,邮编}。

(3)链式攻击:攻击者结合发布数据和外部数据推断隐私信息。

(4)数据泛化:用较高层次的概念替换较低层次的概念,从而汇总数据。例如,把年龄的数值范围替换为青年、中年和老年。

在数据发布过程中,隐私保护的核心目标是防止用户敏感信息与其身份被关联。为此,常见的做法是删除直接标识符,从而阻止攻击者直接识别用户身份。然而,攻击者仍可能利用其他公开数据库中的准标识符集进行链式攻击,通过多源数据的关联分析,最终获取个体的隐私数据。为应对这种潜在的攻击风险,k -匿名方法应运而生。该方法通过数据泛化降低数据精度,确保同一个准标识符集至少包含 k 条记录,使得无法通过准标识符识别个体,从而保护隐私。

例如,表 8 - 11 所示的原始信息,虽然隐去了姓名,但攻击者通过邮编和年龄,仍可以识别用户信息。如通过邮编 463800,年龄为 28,可获取用户的爱好为 shopping。该表应用 k -匿名技术后,数据被泛化,使得同一标准标识符集(邮编和年龄)对应多条记录,形成 3 -匿名模型(表 8 - 12)。

表 8 - 11　原始信息

用户 ID	邮编	年龄	爱好
1	463800	28	shopping
2	463400	43	painting
3	463100	23	running
4	463500	39	reading

表 8 - 12　经过 k - 匿名处理后的信息

用户 ID	邮编	年龄	爱好
1	463 * * *	2 *	shopping
2	463 * * *	>40	painting
3	463 * * *	2 *	running
4	463 * * *	3 *	reading

因此，在保护个人隐私数据时，k -匿名技术具有以下优点：防止攻击者确定某人是否在公开数据中；防止攻击者确认某人是否具有某项敏感属性；防止攻击者识别某数据记录对应的个人。然而，k -匿名技术可能导致数据可用性降低。

4. 基于差分隐私的数据发布

差分隐私(Differential Privacy)属密码学技术，旨在在保留数据统计学特征的前提下，通过向数据或查询结果中引入受控的随机噪声，最大限度地减少识别个体隐私记录的机会，其核心在于保证个人隐私的泄漏风险不超过预先设定的风险阈值。常用的差分隐私的方法是对数据加入噪声进行扰动，其目的是在保护个体隐私的同时，允许对数据集进行统计分析。

根据数据隐私化处理实施者的不同，差分隐私可分为中心化差分隐私(Centralized Differential Privacy，CDP)和本地化差分隐私 (Local Differential Privacy，LDP)。前者模式中，数据收集者首先将来自多个客户端的原始数据汇聚到一个第三方数据中心。随后，该数据中心按照差分隐私的原则，对数据进行扰动处理，通过引入受控的随机噪声，确保数据在统计分析中的可用性，同时最大限度地保护个体隐私。最终，经过扰动处理的数据被对外发布，这些数据可用于统计查询，且不会泄露个体隐私信息。后者模式中，数据处理流程首先在客户端进行。用户先在本地对数据进行满足差分隐私原则的扰动，再将这些扰动后的数据发送给数据收集者。收集者再将这些数据汇集到第三方数据中心，以便进行进一步的统计分析。

这两种差分隐私的实施方式各有优势和适用场景，CDP 适用于可以集中处理大量数据的场景，而 LDP 则适用于对数据隐私保护要求更高的分布式数据处理环境。通过这两种方式，差分隐私技术为大数据时代的隐私保护提供了强有力的技术支持。

8.4 数 据 备 份

数据丢失或损坏不仅会导致经济损失，还可能引发严重的法律和声誉问题。为了应对这一问题，许多企业通过搭建两地三中心的统一备份架构，对所有数据进行统一保护和管理。因此，数据备份作为数据保护的重要手段，成为企业和组织必须重视的关键环节。本小节将对数据备份的概念、功能、方式及存在的挑战等进行概述。

8.4.1 数据备份的概念

数据备份是指为防止系统故障或操作失误导致数据丢失，将数据从主存储介质复制到其他介质的过程。其目的是数据在丢失或损坏时能够恢复，确保数据的安全性和可用性。

数据备份是数据管理中的关键环节，它帮助用户防范数据丢失风险，确保业务连续性和数据完整性。以下是一些与备份相关的基本概念及其应用场景。

1. 备份窗口

备份窗口（Backup Window）是指在一个工作周期内专门预留用于数据备份的时间长度。备份窗口的选择对于确保数据完整性和系统性能较为关键。如果备份窗口时间较短，可能需要通过提高备份速度来确保在有限的时间内完成所有必要的数据备份。例如，可以利用磁带库（一种自动化存储设备，用于大规模数据备份和长期归档）实现备份过程的自动化，以确保在有限的时间内完成所有必要的数据备份。

在企业的日常运营中，数据备份通常需要在不影响业务运行的前提下进行。因此，会设定一个特定的时间段，即备份窗口，用于执行备份任务。例如，企业可能选择在业务量较低的夜间或周末进行数据备份，以减少对业务流程的干扰。

2. 故障点

故障点（Point of Failure）是指在计算机系统中可能导致操作中断或数据丢失的部分。一个全面的备份计划应该考虑到所有可能的故障点，以确保在任何故障发生时都能迅速恢复数据和业务。

在构建高可用性的计算机系统时，识别和预防潜在的故障点是至关重要的。例如，一个数据中心可能会部署多个服务器和存储设备，以确保在一个组件发生故障时，其他组件能够接替工作，保证服务的连续性。

3. 备份服务器

备份服务器（Backup Server）是指专门用于连接备份介质并执行备份操作的服务器。备份软件通常也安装在备份服务器上，负责管理备份任务和监控备份过程。

在大型企业或数据中心中，备份服务器是核心组件，负责处理和协调所有备份任务，确保数据安全。例如，一个企业可能会部署一个或多个备份服务器，以支持其全球分支机构的数据备份需求。

4. 跨平台备份

跨平台备份（Cross-Platform Backup）是指能够在不同操作系统之间备份系统信息和数

据的功能。这种备份方式有助于降低备份系统的总体成本，并实现统一的数据管理。

在多操作系统的企业环境中，跨平台备份能够确保不同系统间的数据一致性和可恢复性，简化备份管理。例如，一个企业可能同时运行 Windows 和 Linux 操作系统，跨平台备份解决方案能够确保这两个系统的数据都能被有效备份和恢复。

通过以上概念的介绍，读者能够更好地理解数据备份的复杂性和重要性，以及如何根据不同的需求和环境选择合适的备份策略。

8.4.2　数据备份的功能

数据备份作为数据管理的关键环节，其重要性不言而喻。表 8 - 13 给出了数据备份的功能。

表 8 - 13　数据备份的功能

功能	描　　述
数据保护	防止硬件故障、软件崩溃、人为错误或自然灾害导致数据损失，通过备份恢复数据
业务连续性	快速恢复业务，减少数据丢失造成的停机时间和经济损失
合规性	满足行业法规对数据备份的要求，保护客户和业务数据
数据恢复	在数据意外删除、损坏或被加密时恢复数据，还原至丢失前状态
灾难恢复	在大规模灾难后，通过异地备份恢复系统和数据
数据迁移	简化系统升级或迁移过程中的数据转移，确保数据完整性和可用性
审计和合规审查	备份数据用于审计，帮助企业遵守行业和法律规定，提供数据访问和修改的记录
测试和开发	创建开发和测试环境副本，不影响生产环境，对软件开发和质量保证起至关重要作用

8.4.3　数据备份的方式

传统的数据备份主要采用磁带机(一种利用磁性材料记录和存储数据的设备，通过磁头在磁带上的磁化和消磁来读写信息)进行冷备份，但是这只能防止人为故障，而且恢复慢。随着技术的发展和数据的海量增加，大多数企业开始采用网络备份，这种方式通过数据管理软件、硬件和存储设备实现，称为"容灾系统"或"灾备系统"。下面介绍一些常见的数据备份方式。

1. 完全备份

完全备份(Full Backup)是指备份所有的数据信息。此方式简单且易于恢复，但当数据量较大时，可能会消耗大量的存储空间和备份时间，适合数据量较小或备份频率较低的场景。例如，周一完全备份，周二再全备份，以此类推。当发生数据丢失灾难时，使用灾难前一天的备份磁带即可恢复数据。

2. 增量备份

增量备份(Incremental Backup)仅备份自上次备份以来发生变化的数据。该方式节省存储空间和备份时间,但恢复需从完全备份开始,逐个应用增量,需要耗费大量时间。例如,星期一进行完全备份,后六天就只备份新改的数据。当灾难发生时,数据的恢复比较麻烦:若星期三发生故障,就要将系统恢复到星期二,这时就要先恢复星期一完全备份的磁带,再恢复星期二增量备份的磁带。

3. 差分备份

差分备份(Differential Backup)备份自上次完全备份以来所有变化的数据。与增量备份相比,差分备份在恢复时更加高效(只需恢复完全备份和最后一次差分备份)。但随着时间的推移,每次备份的数据量会增加。例如,星期一完全备份,后续将所有与星期一不同的数据备份到磁带上。当发生灾难时,只需两盘磁带(星期一完全备份的磁带与灾难发生前一天的磁带),就可以将系统恢复。

以上备份方式的特征与优缺点如表 8 - 14 所示。

表 8 - 14　数据备份方式的区别及优缺点

备份方式	区别	优点	缺点
完全备份	所有数据	简单且易于恢复	消耗大量存储和时间
增量备份	自上次备份变化的数据	节省存储和时间	恢复耗时
差分备份	自上次完全备份变化的数据	恢复高效	每次备份数据量增加

在实际应用中,备份方式通常是以上 3 种的结合。数据备份是确保信息安全与业务连续性的重要手段。备份数据可在系统崩溃或数据被篡改时快速恢复数据,保障企业运营、个人工作和学习的正常进行,降低数据丢失带来的经济损失和信息风险,是现代信息管理不可或缺的环节。

8.4.4　数据备份存在的挑战

尽管数据备份是一种重要的数据保护手段,但在实际操作中它也遭遇了诸多挑战,如表 8 - 15 所示。

表 8 - 15　数据备份的挑战

挑战	描　　述
备份窗口的限制	在有限窗口内完成大数据备份,避免影响业务
备份数据的完整性	确保备份数据完整一致,以防无法恢复
备份存储的成本	控制随数据量增长的备份存储成本
备份数据的恢复	简化复杂耗时的数据恢复过程
备份数据的安全性	保护备份数据,防止未授权访问和泄露
法规遵从性	确保备份策略符合行业和国家数据保护法规
技术更新与兼容性	更新备份系统以适应新技术,保持兼容性

面对备份挑战,仅靠数据备份难以全面保障数据安全和业务连续性。因此,数据容灾

策略成为一种必要的解决方案。它不仅涵盖数据备份，还包含在灾难发生时快速恢复业务的系统和数据。这通常涉及在不同地点设置备份站点，并在主站点故障时实现自动切换，从而有效降低数据丢失和业务中断的风险，确保业务连续性和数据安全。

8.5 数据容灾

数据容灾是企业抵御灾难风险、确保业务连续性和数据安全的重要防线。随着技术的发展，云服务和自动化工具在灾难恢复计划中的应用日益广泛，它们通过自动化执行恢复流程，极大地提升了容灾效率，显著增强了企业在面对突发灾难时的韧性。企业应结合本地备份和异地灾备策略，构建多层次的容灾体系。这种融合策略不仅能够最小化灾难对运营的影响，还能有效保护企业免受不可预见事件的损害，确保企业在复杂多变的环境中持续稳定发展。

8.5.1 数据容灾的概念

数据容灾是指通过技术手段和管理措施，确保在发生自然灾害、硬件故障或网络攻击等事件导致数据丢失或系统瘫痪时，能够快速恢复数据和业务系统，保障业务连续性和数据安全。相较于数据备份，数据容灾不仅关注数据的完整性和可恢复性，还关注发生灾难时快速恢复业务系统，保障业务的连续性。此外，数据容灾能实现数据实时一致性，故障切换时间只需几秒至几分钟，远远快于备份系统的恢复时间。

传统的数据备份方式存在一些不足。例如，由于突发灾难，可能导致业务长时间中断，需要数小时甚至数天来恢复数据，从而造成重大的经济损失和声誉损害。又例如，作为传统的数据备份方式，冷备份通常只能在非工作时间进行，这限制了数据备份的频率和及时性。

真正的数据容灾致力于弥补传统冷备份的局限性，确保在灾难发生时能够全面且及时地恢复整个系统。无论选择何种容灾方案，数据备份始终是基石——没有备份的数据，任何容灾措施都将无从谈起。然而，仅有备份是远远不够的，容灾能力同样不可或缺。

8.5.2 数据容灾的分类

数据容灾不仅是应对突发灾难的重要手段，更是保障企业数据安全、业务连续性和满足合规要求的重要措施。数据容灾根据实施的深度和广度，可分为数据级容灾、应用级容灾和业务级容灾（表 8 - 16）。

表 8 - 16 数据容灾具体划分

数据灾容	划分	特 点
数据级容灾	深度最深	基础级别，通过异地备份确保数据安全，但应用可能中断
应用级容灾	介于广度和深度之间	在数据级基础上，备份站点复制应用系统，通过同步或异步复制保证应用快速恢复
业务级容灾	广度最广	全面灾备，包括 IT 技术和基础设施，保障业务连续性

1. 数据级容灾

作为最基本的容灾方式，数据级容灾的核心目标是在灾难发生时保护数据不会丢失或损坏，其要求将数据进行异地备份，从而确保数据的安全性。在实施层面，数据级容灾分为两个层次：初级的数据级容灾依赖人工操作的异地保存备份；而更高级的数据级容灾形式则是建立异地数据中心，并通过数据同步技术减少备份数据与实际数据之间的差异。

尽管数据级容灾在成本和实施复杂性上相对较低，但它的恢复时间是所有容灾级别中最长的。这是因为在灾难发生后，虽然可以确保原有数据的安全，但应用程序可能会暂时中断，需要额外的时间来恢复服务。

数据级容灾的核心在于保护数据的完整性和可用性。这种级别的容灾通常包含如表8-17所示的关键步骤。

表 8 - 17 数据级容灾关键步骤

关键步骤	描 述
数据备份	定期复制关键数据至远程位置，保障本地数据丢失时可恢复
数据同步	通过实时/近实时的数据复制技术，保持主站点和备份站点数据的一致性
数据恢复	在发生灾难时，能从备份中恢复数据，但恢复应用服务可能耗时

2. 应用级容灾

数据级容灾是一种基础且成本较低的灾难恢复手段，然而，它存在一些明显的缺点，如恢复时间较长、应用中断、资源浪费等。鉴于这些缺点，应用级容灾被提出并发展起来，作为数据级容灾的有效补充和提升。

应用级容灾是在数据级容灾的基础上，进一步在异地构建一套与本地生产系统功能相当的备份应用系统。通过同步或异步复制技术，确保关键应用在灾难发生时能够在预定的时间范围内快速恢复运行，从而最大限度地减少灾难带来的损失。由于应用级容灾不仅备份数据，还备份应用环境，因此能够提供更快速的恢复能力，使业务在灾难发生时能够迅速切换到备份应用，显著缩短业务中断时间。然而，这种容灾方式需要更多的资源投入和成本，包括软件、硬件以及日常维护费用。应用级容灾的关键步骤如表8-18所示。

表 8 - 18 应用级容灾关键步骤

关键步骤	描 述
应用复制	在异地建立与本地相同的环境，通过复制技术确保应用状态的一致性
故障切换	本地应用故障时，自动或手动切换到备份应用，保证服务的连续性
测试和验证	定期测试备份应用，确保随时均可运行

3. 业务级容灾

业务级容灾是全业务的灾备，涵盖IT和非IT系统，也是容灾体系中的最高级别保护措施，旨在确保全面业务连续性。业务级容灾适用于对业务连续性要求极高的行业，如金融行业等。尽管业务级容灾能够提供最高级别的恢复能力和最可靠的业务连续性保障，但这种策略也是成本最高且实施难度最大的。它要求企业在多个地点投入大量资源，以确保在任何情况下都能维持业务运营。

业务级容灾是最全面的容灾策略，其关键步骤如表 8-19 所示。

表 8-19　业务级容灾关键步骤

关键步骤	描　　述
全业务复制	在异地建立完整的业务流程，包括 IT 系统、人员、流程和物理设施
业务连续性计划	制定计划，确保灾难发生时能够迅速恢复业务
多地点运营	在多个地点部署业务，以分散风险并确保业务的持续运行

4. 容灾系统与备份系统

容灾系统和备份系统都旨在保护数据和业务免受意外事件的影响，确保数据的安全性和业务的连续性。并且，备份系统是容灾系统的基础，容灾系统依赖于备份系统提供的数据副本，以实现快速恢复，两者相结合地使用，形成多层次的数据保护策略。两者的区别如表 8-20 所示。

表 8-20　容灾系统与备份系统的主要区别

对比项目	容灾系统	备份系统
保护对象	保护业务连续性	专注于数据安全性
数据一致性	保证数据的实时一致性（即数据在任何时刻都是最新的）	保证数据的一致性（即数据在备份时点是一致的，但可能不包括最新更改）
操作过程	在线过程（在灾难发生时能实时切换，保持业务运行）	离线过程（通常在业务非高峰期时段进行）
恢复时间	几秒至几十分钟	几小时至几十小时
复杂性和成本	高，需要高技术实现	低，但在灾难恢复方面的能力有限
选择策略	综合考虑业务需求、成本预算和风险承受能力	

8.5.3　数据容灾备份等级

在设计容灾备份系统时，需综合考虑多个因素，包括备份与恢复的数据量大小、生产数据中心与备援数据中心之间的距离及数据传输方式、灾难发生时所需的恢复速度，以及备援中心的管理与资金投入等。基于这些因素和不同的应用场景，常见的容灾备份等级通常分为以下四个级别。

1. 第 0 级：本地备份、本地保存的冷备份

第 0 级备份方案主要适用于对数据恢复时间要求不高且成本较为敏感的小型企业或个人用户。实际上，这一级的容灾备份是数据备份的基础形式，其容灾恢复能力相对较弱。它仅在本地进行数据备份，并将备份数据存储在本地磁带上，而未采用异地备份的方式。

在这种容灾方案中，通常使用磁带机（手工或自动加载磁带机）、磁带库或光盘塔（用于存储大量数据的自动化存储设备，可以快速检索和存取磁带或光盘中的信息）等设备进行备份存储。然而，这种方案无法防范本地灾难，如火灾、水灾等，可能导致备份数据和原始数据同时丢失。

2. 第 1 级：本地备份、异地保存的冷备份

第 1 级备份方案适用于需要一定程度异地备份保护的中型企业。企业首先在本地对关键数据进行备份，随后将备份数据传输至异地进行保存，通常由企业自身或其合作伙伴负责保管。在灾难发生时，企业可依据预先制定的数据恢复程序，迅速恢复系统和数据。

这种方案同样使用磁带机、磁带库、光盘库等存储设备进行本地备份，但通过异地保存的方式，显著提升了数据安全性。

3. 第 2 级：热备份站点备份

第 2 级备份方案适用于对业务连续性要求较高的大型企业。主要是在异地建立热备份站点，通过网络以同步或异步方式将主站点数据实时备份到备份站点。备份站点通常只备份数据，不承担相应业务。在灾难发生时，备份站点能迅速接替主站点的业务，确保业务的连续性。

这种方案要求容灾地点至少距离本地 20 km，以降低本地灾难对备份站点的影响。备份站点需配置与本地相同的磁盘阵列（一种将多个硬盘驱动器组合成一个逻辑单元的数据存储虚拟化技术，用来提高性能、可靠性和容量），通过双冗余光纤接入 SAN 网络（一种高速专用网络，连接服务器和存储设备，用于数据的快速传输和集中管理），实现数据实时同步复制。

4. 第 3 级：活动互援备份

第 3 级备份方案主要适用于资金雄厚且对业务连续性要求极高的大型企业和电信级企业。它类似于热备份站点备份方案，特点是主从系统互为备份，两个数据中心相隔较远且都处于工作状态，进行相互数据备份。在灾难发生时，一个数据中心能迅速接管另一个的工作。

根据资金投入和需求，方案分为关键数据备份和零数据丢失两种，其中零数据丢失要求在任何灾难下都保证数据安全，需要高额投资于复杂软件和专用硬件，但能实现最快的恢复速度。

以上四个级别的容灾备份方案，从简单的本地备份到复杂的活动互援备份，提供了不同层次的数据保护和业务连续性保障，企业可以根据自身的需求和预算选择合适的容灾级别。

◗ 本 章 小 结

本章介绍了大数据时代的数据安全和隐私保护问题，包括数据安全概述、隐私问题、安全技术及典型案例。分析了大数据隐私保护政策，介绍了关键安全技术如数据加密、访问控制、数据溯源和安全审计，以及数据备份和容灾基本概念。同时，本章强调了保护数据免受破坏、泄露的重要性，并为实际应用提供了必要的理论指导。

习 题 8

1. 列举并简述大数据安全相关的技术。
2. 简述数据备份在数据安全管理中的作用。
3. 讨论容灾系统与备份系统的主要区别。
4. 简述数据容灾的主要级别及其特点。

参 考 文 献

[1]　赵昌文. 成为第五大生产要素，我国数据经济学的精髓与要义[EB/OL]. 北京日报，2024 − 08 − 17[2025 − 01 − 25]. https://news. bjd. com. cn/2024/08/17/10870047. shtml.

[2]　刘智慧，张泉灵. 大数据技术研究综述[D]. 杭州：浙江大学智能系统与控制研究所，2014.

[3]　美国续航教育. 人工智能在教育领域的应用与挑战：2024 年提升学生参与度与学习效果的新策略[EB/OL]. 2024 − 12 − 24[2025 − 01 − 25]. https://www. forward-pathway. com/126669.

[4]　孝文.《科学》：人类 93% 行为可以预测[EB/OL]. 中国科学报社，2010 − 02 − 26[2025 − 01 − 25]. https://www. sciencenet. cn/htmlnews/2010/2/228844. shtm.

[5]　重庆日报全媒体. 智慧医疗啥模样，全市 44 家"智慧医院"分时就诊缩短至 30 分钟以下[EB/OL]. 2021 − 10 − 18[2025 − 01 − 25]. https://www. cqrb. cn/content/2021 − 10/18/content_4566323. htm.

[6]　徐林明，李美娟. 动态综合评价中的数据预处理方法研究[J]. 中国管理科学，2020，28(1)：162 − 169.

[7]　EARL B. HUNT，JANET MARIN，PHILIP J. Stone. Experiments in Induction[M]. New York：Academic Press，1966.

[8]　BREIMAN L，FRIEDMAN J，OLSHEN R，et al. Classification and Regression Trees[M]. Monterey：Wadsworth，1984.

[9]　BORIS POLYAK. Some methods of speeding up the convergence of iteration methods[D]. USSR Computational Mathematics and Mathematical Physics，1964.

[10]　JOHN DUCHI，ELAD HAZAN ，YORAM SINGER. Adaptive Subgradient Methods for Online Learning and Stochastic Optimization[D]. Journal of Machine Learning Research，2011.

[11]　GEOFFREY E H，RUSLAN R S. Reducing the Dimensionality of Data with Neural Networks[J]. Science，2006(313)：504 − 507.

[12]　孙宇，刘川，周扬. 深度学习在知识图谱构建及推理中的应用[J/OL]. 计算机工程与应用.

[13]　孟小峰，慈祥. 大数据管理：概念、技术与挑战[J]. 计算机研究与发展，2013，50(1)：146 − 169.

[14]　程学旗，靳小龙，王元卓，等. 大数据系统和分析技术综述[J]. 软件学报，2014，25(9)：1889 − 1908.

[15]　任磊，杜一，马帅，等. 大数据可视分析综述[J]. 软件学报，2014，25(9)：1909 − 1936.

[16]　梁吉业，冯晨娇，宋鹏. 大数据相关分析综述[J]. 计算机学报，2016，39(1)：1 − 18.

[17]　张宁，袁勤俭. 数据治理研究述评[J]. 情报杂志，2017，36(5)：129 − 134.

［18］ 黎建辉，沈志宏，孟小峰. 科学大数据管理：概念、技术与系统［J］. 计算机研究与发展，2017，54(2)：235－247.

［19］ 朝乐门，邢春晓，张勇. 数据科学研究的现状与趋势［J］. 计算机科学，2018，45(1)：1－13.

［20］ 吴国雄，林海，邹晓蕾，等. 全球气候变化研究与科学数据［J］. 地球科学进展，2014，29(1)：15－22.

［21］ 孙志军，薛磊，许阳明，等. 深度学习研究综述［J］. 计算机应用研究，2012，29(8)：2806－2810.

［22］ 何清，李宁，罗文娟，等. 大数据下的机器学习算法综述［J］. 模式识别与人工智能，2014，27(4)：327－336.

［23］ 罗军舟，金嘉晖，宋爱波，等. 云计算：体系架构与关键技术［J］. 通信学报，2011，32(7)：3－21.

［24］ 李乔，郑啸. 云计算研究现状综述［J］. 计算机科学，2011，38(4)：32－37.

［25］ 李学龙，龚海刚. 大数据系统综述［J］. 中国科学：信息科学，2015，45(1)：1－44.